글 캐스린 휼릭

캐스린 휼릭은 프리랜서 작가, 편집자이며 이전에는 평화봉사단(Peace Corps)의 자원봉사자였다. 그녀는 학생들을 위한 과학 뉴스(Science News for Students)와 아동 매거진 뮤즈(Muse)에 정기적으로 글을 쓴다. 과학에 관한 글을 쓰는 데 있어서 휼릭이 가장 좋아하는 것은 다양한 분야의 연구자와 대화를 나누는 것이다. 예전에 자신의 진입로의 눈을 치우고 있던 한 평행 우주 전문가와 이야기를 나누었다. 또한 아프리카 들판의 코끼리 무리를 보고 있는 생물학자에게 전화를 걸기도 했다. 글을 쓰는 일 말고도 하이킹, 정원 가꾸기, 그림 그리기와 책 읽는 것을 좋아한다. 미국 매사추세츠에서 남편과 아들, 강아지와 함께 살고 있다. 펴낸 책으로는 《이상하지만 사실인》, 《빙하는》, 《공룡》 등이 있다.

그림 마르친 울스키

폴란드 소포트(Sopot) 출신의 유명한 그래픽 디자이너이자 일러스트레이터이다. 아이들을 위한 책에 그림을 그리고 있을 뿐만 아니라 이코노미스트(The Economist), 네이처(Nature), 가디언(Guardian), 파이낸스 아시아(Finance Asia) 등 세계적으로 유명한 저널에도 삽화를 그리고 있다. 펴낸 책으로는 《시공간 방랑자》, 《알만조르의 귀환》 등이 있다.

옮김 김현진

숭실대학교에서 독어독문학과 생명정보학을 수료하고, 서울신학대학교와 총신대학교 대학원에서 피아노 전공으로 교회음악과를 졸업했다. 학술 번역과 더불어 성실히 음악 활동을 하고 있으며, 번역 에이전시 엔터스코리아에서 번역가로도 활동 중이다.

미래에 온 걸 환영해!

초판 1쇄 인쇄 2024년 09월 10일 **초판 1쇄 발행** 2024년 09월 30일

글 캐스린 휼릭 **그림** 마르친 울스키 **옮김** 김현진

펴낸이 이상순 **주간** 서인찬 **영업지원** 권은희 **제작이사** 이상광

펴낸곳 (주)도서출판 아름다운사람들 **주소** (10881) 경기도 파주시 회동길 103
대표전화 031-8074-0082 **팩스** 031-955-1083 **이메일** books777@naver.com **홈페이지** www.book114.kr

ISBN 978-89-6513-809-9 (73550)

Welcome to the Future
Text © 2021 Kathryn Hulick
Illustrations © 2021 Marcin Wolski
First published in the UK in 2021 by Frances Lincoln Children's Books, an imprint of The Quarto Group.
All rights reserved.

Korean language edition © 2024 by Beautiful People Publishing Korean translation rights arranged with Quarto Publishing Plc, London, UK through EntersKorea Co., Ltd., Seoul, Korea.

이 책의 한국어판 저작권은 (주)엔터스코리아를 통한 저작권사와의 독점 계약으로 (주)도서출판 아름다운사람들이 소유합니다. 저작권법에 따라 한국 내에서 보호를 받는 저작물이므로 무단전재와 무단복제를 금합니다.

이 도서의 국립중앙도서관 출판예정도서목록(CIP)은 서지정보유통지원시스템(http://seoji.nl.go.kr)과 국가자료종합목록구축시스템(http://kolis-net.nl.go.kr)에서 이용하실 수 있습니다. (CIP제어번호 : CIP2020046116)

미래에 온 걸 환영해!

이 세상이 새로운, 모두를 위해서,
특히 나의 조카 비비안과 벤저민을 위해.
미래는 너희가 만들어 가는 것이란다.
– K.H.

십 대가 알아야 할 AI미래과학 이야기

미래에 온 걸 환영해!

글 캐스린 휼릭 그림 마르친 울스키 옮김 김현진

아름다운사람들

들어가면서

**미래에는 우리가 이곳저곳으로 순간 이동을 하고,
반려 공룡을 기르며 3D 프린터로 저녁을 먹게 될까요?
화성에서 살거나 우리 뇌를 컴퓨터에 업로드하게 될까요?**

이것은 우리가 이 책에서 살펴볼 몇 가지 질문이에요. 각 장은 기술이 발전하면 가능해질 수도 있는 경이로운 미래에 대한 상상으로 시작해요. 당신은 깊고 신중하게 생각해야 한답니다. 당신이 자신과 가족, 세상을 위해 바라는 미래는 어떤 것인가요?

과학자와 엔지니어가 고민하고, 상상하고, 손보고, 시험하고, 프로그래밍하고 오류를 제거하면서 기술은 사방에서 위험할 정도로 빠른 속도로 발전해요. 그들은 미래를 창조하는 중이지요. 오늘날, 자동차는 스스로 달리고, 사람들은 기계로 만든 팔이나 다리를 생각으로 조종합니다. 의료 공학자는 사람의 피부 조각을 인쇄해요. 세상은 너무 빠르게 변해서, 당신이 지금 무얼 할 수 있는지를 더 많이 알수록 내년, 혹은 지금으로부터 5년 뒤에 할 수 있는 일을 더 잘 준비할 수 있을 거예요.

하지만 상황은 불투명합니다. 미래 예측은 까다로운 일이지요. 실제로 일어나는 일은 종종 소설보다도 이상해요. 과거 1950년대에 사람들은 로봇 하인, 우주에서 정착하기, 날아다니는 자동차를 상상했습니다. 그러나 그 사람들은 주머니에 쏙 들어가는 컴퓨터나 당신이 세상 어디의 누구와도 바로 연결되는 것은 상상하지 못했어요. 오늘날 우리는 스마트폰을 가지고 있지만, 휴일에 화성에 놀러 가거나 로봇에게 샌드위치를 만들어달라고 할 수는 없습니다.

때로는 기술적인 장벽이 굉장한 기술을 가로막기도 해요. 우리에게 로봇 하인이 없는 이유는 기계로 된 손이 어떤 물건이든 종류를 가리지 않고 들어 올리지는 못하기 때문입니다. 어떤 경우는 돈이 장애물이기도 해요. 핵융합로는 만들고 작동하는 데에 드는 비용이 말도 안 되게 비싸서 이 분야의 연구는 더디게 진행되었지요.

　마지막으로, 우리는 옳고 그름을 생각해야 합니다. 이것은 윤리라고도 하지요. 우리가 무언가를 할 수 있다고 해서 꼭 그것을 해야 하는 것은 아닙니다. 지금까지 우리는 화성에 가기 위해서 사람의 목숨을 서슴없이 위험에 빠뜨리려 하지 않았습니다. 그래서 우리는 로봇을 대신 보냈지요. 마찬가지로, 하늘을 나는 자동차도 얼마든지 있을 수 있습니다. 어쨌든 우리에겐 이미 헬리콥터가 있지요. 하지만 하늘을 나는 것은 운전하는 것보다 더욱 까다로운 데다 공중에서 일어나는 교통사고는 훨씬 더 위험합니다. 우리가 어떤 행동을 하기 전 심사숙고해야 하는 이유는 다름 아닌 안전이에요. 돈이 많고 힘이 센 사람은 다른 사람을 누르기 위해 새로운 기술을 이용할 수 있습니다. 그리고 새로운 기술이 일부 사람의 믿음과 가치와 부딪힐 수도 있지요. 미래를 선택하는 데는 모든 사람의 의견이 중요합니다.

　기술은 결코 그 자체만으로 선하거나 악하지 않습니다. 기술은 도구이고, 그 도구를 사람이 어떻게 사용하는지가 중요해요. 예를 들면, 어떤 사람은 무기를 만들려고 3D 프린터를 사용할 수 있어요. 한편, 자연재해로 집을 잃은 사람에게 대체할 집을 3D 프린터로 인쇄해 줄 수도 있지요. 언젠가는 정신 나간 과학자가 유전 공학으로 괴물을 만들어 낼 수도 있겠지만 유전 공학은 코로나19의 백신도 빨리 개발할 수 있게 해 주었지요. 기술을 두려워해서는 안 돼요. 기술을 이해하려고 노력해야 하고 더 나은 세상을 만드는 데 사용해야 해요.

　어떤 것은 지금 불가능해 보일 수 있지만, 인간의 상상과 창의력, 의지는 멈추지 않을 거예요. 당신이 어떤 세상에서 살고 싶은지를 알고 있다면, 당신은 그런 세상을 만드는 걸 도울 수 있어요. 미래에 온 것을 환영합니다.

차례

1. 어디에나 있는 로봇 ⋯ 12

2. 순간 이동 ⋯ 25

3. 우주에 있는 도시 ⋯ 36

4. 무한하고 깨끗한 에너지 ⋯ 48

5. 모두의 식량 ⋯ 60

6. 영원히 사는 것 … 73

7. 반려 공룡 … 82

8. 슈퍼 파워 … 92

9. 생각하는 대로 … 105

10. 모든 지식과 모든 마음을
연결하는 뇌 … 114

1. 어디에나 있는 로봇

당신은 처음 듣는 음악 소리에 잠에서 깹니다.
"이 노래를 좋아하실 것 같아서요." 당신의 개인 로봇이 말해요.
당신은 이미 노래를 따라 흥얼거리며 "그거 즐겨찾기에 저장해."라고 하는군요.

여기 있는 당신의 로봇은 당신을 깨워 주고 낮 동안 무엇이 필요한지 확인합니다. 로봇은 당신에게 옷을 갖다주고 잠옷을 세탁하려고 가져갑니다. 아침 식사 몇 가지를 추천하고 나면 음식을 준비하고, 당신이 다 먹으면 치웁니다. 로봇은 공장과 레스토랑도 운영하고 있어요. 도로와 집을 짓고 고장 난 것은 뭐든 고칩니다. 심지어 자기 자신도 스스로 고치고 프로그래밍을 한답니다. 사람은 더 이상 일할 필요가 없어요. 그래서 사람들이 살고, 배우고, 취미를 즐기는 데 필요한 돈은 나라에서 줍니다. 오늘 당신은 밴드 연주 연습을 하고 있군요.

자율 주행차가 당신을 밴드 연습실까지 데려다줍니다. 머리 위로는 드론이 윙윙거리며 지나가는데요, 사람들의 짐을 나르거나 더 이상 필요 없는 물건을 가져가고 있는 겁니다. 로봇은 세상을 더욱 안전하고 편리하게 만들어왔습니다. 모든 것을 로봇이 처리해 준답니다.

사람들은 영원히 끝나지 않는 휴가처럼 인생을 보낼 수도 있습니다.

기계로 된 하인이 인간을 돌보는 세상은 쉽게 상상할 수 있지요. 설거지나 빨래를 절대로, 다시는 하지 않게 된다니! 끝내주지 않나요? 사람들 대부분은 오랫동안 스트레스를 많이 받거나 위험한 작업을 하거나 무더기로 쌓인 지루한 숙제를 하는 걸 싫어해요. 만약 로봇이 어떤 일이든 맡을 수 있다면 사람들은 마치 영원히 끝나지 않는 휴가처럼 인생을 보낼 수도 있습니다. 놀라운 일이지요.

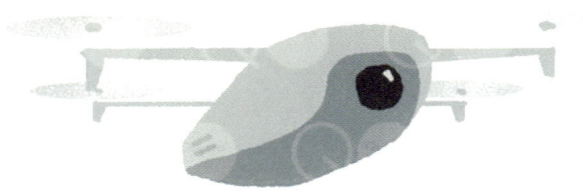

로봇 청소기와 드론, 그리고 더 많은 것들

사람은 언제쯤 이런 세상에 살게 될까요? 오리건주립대학의 로봇 공학 엔지니어인 로스 해튼은 "조만간 살게 될 겁니다."라고 말해요. 이러한 미래가 우리가 살아있는 동안 이루어질 수 있다고 보는 것이지요. 이미 로봇은 우리 삶을 더 편리하게 해 주고 있어요. 룸바(iRobot에서 출시한 로봇 청소기)와 비슷한 많은 로봇 청소기가 자동으로 바닥을 쓸고 닦습니다. 웨이모 기업의 자율 주행 자동차는 25개 도시의 도로에서 3,200만 킬로미터가 넘게 주행했답니다. 당신은 자전거나 스케이트보드, 스노보드를 탈 때 당신을 따라다니며 촬영하는 드론을 살 수도 있어요. 산업 분야에서는 로봇이 훨씬 더 흔합니다. 로봇이 공장에서 제품을 만들고, 건설 현장을 모니터링하고 창고와 병원에서 물건을 가져오고 배달해요. 우유도 짠답니다.

로봇은 자신의 임무에 적합한 모양을 하고 있어요.

이 로봇들은 각자 정해진 어떤 작업을 하도록 설계되었습니다. 하지만 대부분의 생김새는 공상 과학 소설에 나오는 사람처럼 생기지는 않았지요. 오히려 자신의 임무에 적합한 독특한 모양을 하고 있는데요. 처음으로 널리 성공을 거둔 로봇은 커다란 상자에 금속 손가락이 달린 것처럼 생겼었습니다. 유니메이트라고 불린 그 로봇의 임무는 조립 라인에서 자동차 부품을 모아다가 용접하는 것이었어요. 그런데 왜 유니메이트는 기계가 아닌 로봇이라 불릴까요? 사람이 조작할 필요가 없어서예요. 유니메이트는 누군가 프로그래밍을 하거나 지시를 내리면 스스로 거기에 따릅니다. 1966년 TV투나잇 쇼에서 유니메이트는 컵에 골프공을 집어넣고 음료를 따르고 밴드를 지휘했답니다.

로봇, 샌드위치를 만들어 줘!

이 모든 것이 1966년에 이미 가능했었는데 왜 우리에겐 아직도 집안일을 다 해 주는 가정용 로봇이 없는 걸까요? 왜 로봇이 부엌에 들어와 땅콩버터 샌드위치를 만들 수가 없나요? 로봇이 직면한 세 가지 커다란 문제에 대해 살펴봅시다.

첫 번째 문제는 주방이 인간의 몸에 맞춰 만들어졌다는 거예요. 우리는 쭈그리거나 서서 손을 뻗을 수 있어요. 그러니까 로봇도 낮거나 높은 장소에 다가갈 수 있을 만큼 유연해야 하지요. 우리는 서랍을 열기 위해서 손을 사용하고, 손잡이를 비틀거나 걸쇠를 풀 수도 있어요. 물건을 짓누르거나 깨뜨리거나 떨어뜨리지 않고 집어 올릴 수 있습니다. 정해진 서랍을 열고, 정해진 손잡이를 비틀고, 정해진 물체를 들어 올리는 로봇을 만드는 건 쉬워요. 정확한 동작을 배열해 실행하도록 로봇에게 프로그래밍만 해 주면 되지요. 하지만 물건이 어디에 있는지, 무엇인지 미리 알려 주지 않아도 알아차리고 다가가 손을 뻗어 무엇이든 잡을 수 있는 로봇을 만들기는 어렵습니다.

대부분의 로봇은 촉각이 부족하답니다.

당신에게는 물건을 들어 올리는 일이 쉬워 보이는군요. 그렇지만 당신의 뇌는 보이지 않는 곳에서 많은 노력을 기울이고 있답니다. 우리 뇌는 물건이 어디에 있는지, 그 물건이 있는 곳까지 얼마나 가야 하는지를 계산합니다. 물건을 잡는데 손가락이 몇 개 필요한지, 그 손가락이 어디로 가야 하는지도 파악합니다. 미끄럽거나 깨지기 쉽거나 무겁다면 잡는 방식을 조정하지요. 당신은 아기였을 때 손을 뻗고 잡는 법을 연습했어요. 그래서 지금은 이런 것들을 생각할 필요가 없지만, 로봇은 그렇지 않습니다. 게다가 대부분의 로봇은 촉각이 부족하답니다. 우스터폴리테크닉대학의 로봇 공학자 마이클 게네트는 "커다란 오븐 장갑을 끼고 뭔가를 잡으려 한다고 상상해 보세요."라고 합니다. 그게 대부분 로봇의 잡는 방식이에요.

엔지니어들은 촉각이 있는 소프트 로봇 그리퍼를 연구하고 있습니다. 문어발 방식의 촉수를 설계하기도 했지요. 하지만 로봇의 손이 어떻게 생겼든 연습은 필요해요. 딥러닝이라고 하는 인공 지능 기술은 컴퓨터와 로봇에게 예제를 통해서 학습할 수 있는 능력을 줍니다.(10장을 참고하세요) 예제는 많을수록 좋아요. 캘리포니아 버클리에 있는 캘리포니아대학교의 켄 골드버그는 덱스테리티 네트워크[(줄여서 덱스-넷(Dex-Net)]라는 1만 개의 가상 3D 물체로 둘러싸인 가상 세계를 만들었습니다. 이 가상 세계에서는 로봇의 소프트웨어가 진짜 현실에서 물체를 잡기 전에 다양한 물건을 잡는 연습을 할 수 있습니다. 골드버그의 로봇은 상자와 기타 간단한 모양을 한 물건을 사람과 비슷한 속도로 들 수 있습니다. 하지만 로봇이 사람처럼 어떤 물건이라도 민첩하게 잡게 되기까지는 수십 년 또는 그 이상이 걸릴 수도 있어요.

길 찾기

두 번째 문제는 사람의 주방이 다 다르게 생겼다는 거예요. 당신이 아무리 깔끔한 사람이라 해도 로봇 공학자들은 당신의 주방을 비구조적 환경이라 부를 것입니다. 즉, 로봇이 냉장고, 수저 서랍, 팬트리 또는 샌드위치를 만드는 데 필요할 만한 물건을 정확히 어디서 찾아야 하는지 도통 미리 알 수가 없다는 거예요. 낯선 주방에 있는 사람도 이런 문제에 부딪히지요. 하지만 사람은 사물이 어디에 있을 것 같고, 일상적인 물건이 어떻게 생겼는지를 알아요. 로봇은 전혀 모릅니다.

아무리 깔끔하다 해도, 당신의 주방은 로봇에게 비구조적인 환경입니다.

우선 로봇에겐 색깔과 크기에 상관없이 냉장고나 찬장을 인식할 수 있는 컴퓨터 비전 시스템이 필요할 겁니다. 의자와 벽 같은 곳에 부딪히지 않으려면 물체를 구별하는 것도 필요하지요. 그리고 나서 로봇은 방 지도를 만들고 어떻게 움직일지 계획을 세워야 할 거예요. 딥러닝과 다른 인공 지능 기술 덕분에 이 모든 과정은 이미 가능한 일이지요.

엔지니어들은 인식하거나 피해야 하는 물체의 예시를 수백만 개 보여주며 컴퓨터 비전 소프트웨어를 훈련해요. 자율 주행 자동차는 이 과정을 통해서 도로에 있는 사람들과 다른 차들을 보고 피하는 방법을 학습해 왔습니다.

냉장고를 찾아 의자를 하나도 쓰러뜨리지 않으면서 그곳까지 갈 수 있다고 하더라도, 그것은 문제 중 일부에 불과합니다. "여러분은 샌드위치 만들기에 관해서라면 이미 많은 지식을 가지고 있습니다."라고 게너트는 말합니다.

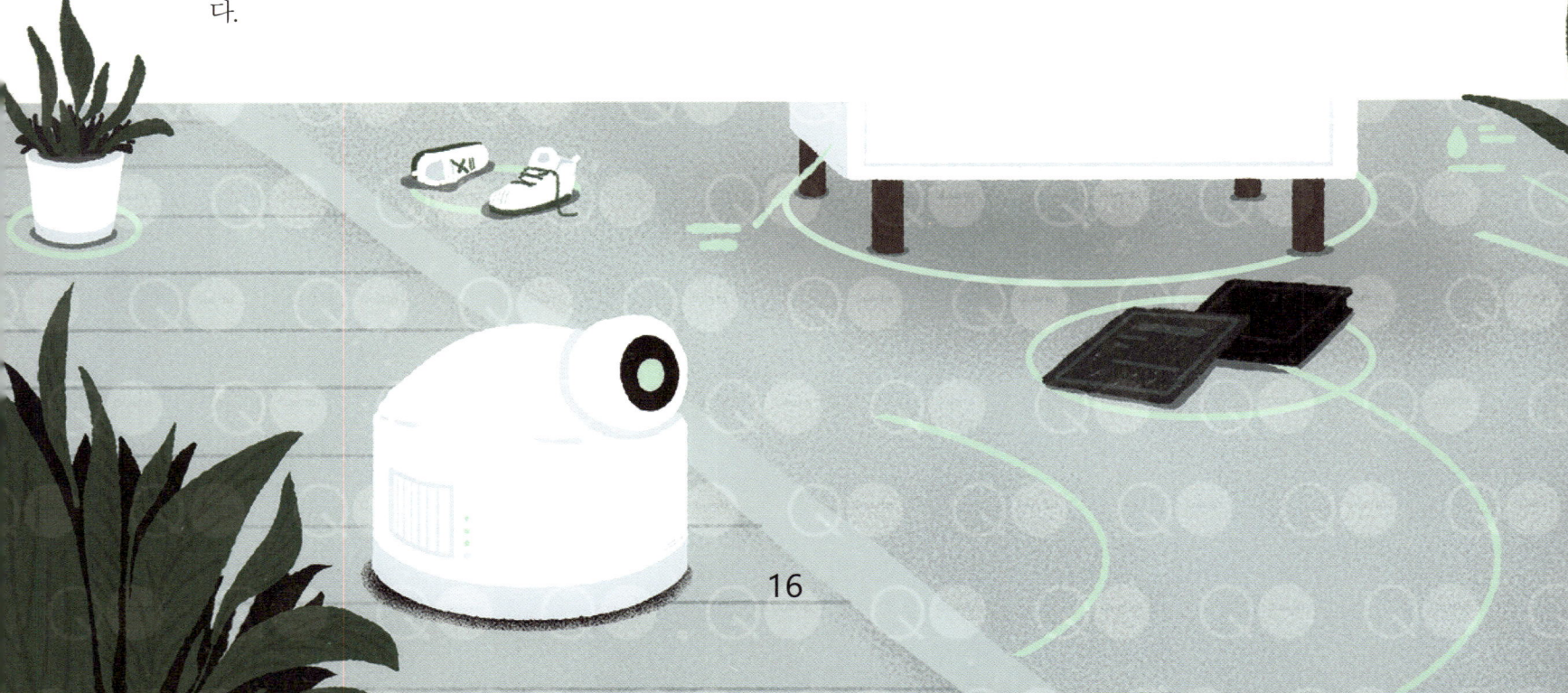

당신은 냉장고에 잼은 있을 수 있지만 깨끗한 접시와 나이프는 없다는 것을 알고 있어요. 이런 상식은 사람이 매일 세상을 살아가면서 얻게 된 것이죠. 로봇은 냉장고나 찬장 안을 몇 년 동안 들여다본 경험이 없습니다. 그렇지만 인간을 넘어서는 장점이 하나 있는데, 바로 로봇들은 하나의 생각을 바로 공유한다는 점이에요. 게너트는 "일단 로봇 하나가 뭔가를 해내면, 다른 모든 로봇도 그것을 어떻게 하는지 알 수 있습니다."라고 말합니다. 그래서 자율 주행 자동차 한 대가 도로에 있는 다람쥐를 감지하고 피하면, 그 경험을 밖에 나와 있는 모든 차와 공유할 수 있어요. 나중에는 모든 자동차가 다람쥐를 더 잘 피하게 되겠지요.

로봇이 사람을 넘어서는 한 가지 장점이 있는데, 바로 하나의 생각을 바로 공유한다는 점입니다.

이렇게 빠른 지식 공유가 한창 진행 중이어도, 당신은 부엌에서 개인 로봇을 훈련하며 필요한 것을 어디서 찾아야 하는지 보여 줘야 할 수도 있습니다. 이런 훈련은 로봇 공학이 흥미진진한 발전을 이루어 온 또 다른 분야랍니다. 오늘날 공장에서는 더 이상 사람이 로봇 팔의 움직임을 일일이 신중하게 프로그래밍하지 않아도 돼요. 소이어(Sawyer) 같은 협동 로봇은 기본적으로 주변을 이해할 수 있도록 센서를 가지고 있습니다. 소이어를 훈련시킬 때, 작업자가 로봇의 팔을 들어 올리고 구부려 작업을 순서대로 익히도록 합니다. 그러면 소이어는 그 움직임을 기억하고 복제합니다. 다만 이 방법으로 샌드위치를 제조할 수 있는 건 당신의 개인 로봇밖에 없을 거예요. 그것도 샌드위치의 모든 재료가 정확히 같은 장소에 항상 있을 때만.

아 깜짝이야, 아 깜짝이야!

같은 주방이어도 당연히 날마다 똑같은 상태로 있는 것은 아니에요. 이것이 세 번째 큰 문제입니다. 로봇은 깜짝 놀랄 일과 맞닥뜨리게 될 거예요! 누군가 땅콩버터를 엉뚱한 찬장에 둘 수도 있고, 옆으로 빼놓을 수도 있습니다. 게다가 다 먹고 빈 병을 다시 갖다 놓을 수도 있지요. 로봇이 잼을 가지러 자리를 비운 사이, 당신 여동생이 접시에서 빵을 집어 가서 먹을 수도 있습니다. 찬장 문 바로 앞에 당신 고양이가 잠들어 있을 수도 있지요. 로봇은 이런 문제와 장애물을 안전하게 다룰 수 있어야 해요. 그러기 위해서는 미래에 생길 수 있는 문제를 예측하는 능력뿐만 아니라 주변 세상을 계속해서 실시간으로 인지하는 것이 필요합니다. 예를 들어, 자는 고양이 뒤에서 문을 열면 고양이가 다칠 수 있겠지요. 우리의 야옹이 선생께서는 이해심이 없을 거예요.

컴퓨터 과학자 마티아스 쉐우츠와 그의 터프츠대학교 동료들은 로봇이 위험해질 수 있는 상황에 대처하도록 돕는 일을 하고 있습니다. 쉐우츠는 사람들이 로봇에게 항상 안전한 지시를 내리지 않을 거라 지적합니다. 사람은 고양이가 문을 막고 있다는 것을 알려 주지 않고 로봇에게 땅콩버터를 갖다 달라고 할 수 있습니다. 그래서 로봇은 어떤 행동이 안전한지 스스로 결정할 수 있어야 해요. 쉐우츠의 연구팀은 어떤 로봇이든 행동에 대해 생각하고 그것이 안전한지 아닌지를 결정하게 하는 소프트웨어를 만들어 왔습니다. 그들이 연구한 나오(Nao)라고 하는 로봇은 인형만 한 크기에 몸은 사람처럼 생겼어요. 로봇 시연에서 나오는 작은 테이블 위에 서 있고, 쉐우츠의 연구팀원이 앞으로 걸으라고 합니다. 만약 이 말대로 한다면 나오는 아래로 떨어질 거예요. 그런데 나오는 "그건 위험한데요."라고 말합니다. 팀원이 로봇을 붙잡아 주겠다고 약속하자, 나오는 앞으로 걸어갔고 테이블 끝에서 밑으로 떨어져 기다리고 있던 팀원의 손안으로 들어갔답니다.

쉐우츠 연구팀이 나오를 위해서 만든 소프트웨어는 몇 가지 정해진 종류의 상황에서 한계가 있어요. 그러나 연구팀은 매우 중요하고 야심 찬 목표가 있는데요. 그것은 로봇의 안전을 확실히 하는 것입니다.

스마트 시스템

당신이 단지 샌드위치를 만들어 줄 로봇을 원하는 거라면, 앞에서 말한 까다로운 문제들을 모두 피해 갈 수 있어요. 비스트로봇(Bistrobot)이 있는 카페를 가면 됩니다. 먼저 터치스크린에서 원하는 샌드위치를 선택하고 나면, 잼이나 땅콩버터 같은 스프레드를 뿌리는 튜브 밑에 있는 컨베이어 벨트를 따라 빵이 미끄러져 나와요.

비스트로봇은 스스로 무언가를 집어 들거나 찾을 필요가 없어요. 그리고 기계는 완전히 밀폐되어 있어 물건을 안전하게 지켜줘요. 그렇지만 하는 일은 샌드위치를 만드는 게 다입니다. 그건 로봇이라기보다 스마트 가전에 가깝지요.

"우리가 영화에서 보는, 집안일 하는 보조 로봇 아이디어는 좀 허무맹랑해요."

펜실베이니아대학교의 로봇 공학과 박사 과정 학생인 레베카 리와 엘리자베스 헌터는 사람처럼 생긴 하인 로봇보다 스마트 가전이 가까운 미래에 등장할 가능성이 훨씬 높다고 합니다. 헌터는 "우리가 영화에서 보는, 집안일 하는 보조 로봇 아이디어는 좀 허무맹랑해요."라고 말합니다. '자동화의 단계가 올라간 것은 아주 현실적이라고 생각합니다.' 자동화란 인간의 감독 없이도 임무를 해내는 것을 말해요. 예를 들면, 당신은 물건이 다 떨어진 것을 알아내고 주문해 주는 냉장고가 있을 수 있습니다. 그 주문은 제품을 찾고 포장하는 로봇으로 꽉 찬 창고로 갑니다. 그리고 나면 드론이 신선한 식품을 당신의 집으로 가지고 올 거예요.

인간의 일을 뭐든지 할 수 있는 단일 로봇을 만든다는 것이 말이 되지 않을 수 있어요. 특정한 일을 더 잘할 수 있도록 로봇은 끊임없이 전문화될 가능성이 더 높거든요. 전문화된 로봇이 많을수록 삶은 자동화 될 것입니다. 당신은 사물 간 인터넷이란 말을 들어봤을 수도 있어요. 이것은 사물이 정보를 모으고 공유하는 인터넷입니다. 전문화된 로봇은 이 시스템의 한 부분일 뿐이에요. 사물 간 인터넷이 확장되면서 집 안, 병원, 농장, 공장 심지어 도시 전체가 점점 스마트해지고 있습니다. 섬나라인 싱가포르에서는 스마트 시스템이 사람들에게 길이 막히거나 도로 공사를 알려 주고 빈 주차 공간을 어디에서 찾는지 알려 줘요. 스페인 바르셀로나에서는 땅속에 묻혀 있는 센서들이 언제 식물에 물을 줘야 할지 정원사에게 알려 줍니다. 결국에는 로봇과 스마트 시스템이 전 세계를 운영할 수도 있어요.

로봇이 사회를 운영한다면

로봇 도우미로 가득한 스마트한 집이 있는 도시에 살면 흥미진진할 것 같지만, 그렇게 되려면 몇 가지 만만치 않은 문제를 극복해야 해요. 무엇보다도, 로봇과 스마트 시스템은 우리를 더욱 공격받기 쉽게 만듭니다. 해킹 기술이 있다면 누구나 이런 시스템을 무너뜨릴 수 있거든요. 2016년에는 해커들이 컴퓨터 시스템에 침입해 우크라이나 키이우의 전기를 손쉽게 차단했습니다.

미래에는 해커들이 자율 주행 자동차, 드론, 로봇이 가동하는 공장, 농장, 학교, 병원을 통제해 피해를 주고 대혼란을 일으킬 수도 있어요. 저절로 오작동한 로봇 역시 심각한 문제를 일으킬 수 있지요.

게다가, 로봇과 스마트 시스템을 운영하려면 에너지가 많이 듭니다. 센서와 자동화 시스템으로 채워진 스마트 홈은 보통 집보다 전기를 더 많이 끌어당겨요. 로봇을 개발하고 운영하는 것 역시 많은 에너지가 듭니다. 이 에너지는 아직도 대부분이 환경에 해로운 화석 연료에서 나옵니다. 로봇과 스마트 시스템으로 세상을 채우려면, 우리는 일단 더 깨끗한 에너지 원료를 찾아야 해요. (4장을 참고하세요) 또 다른 문제는 돈입니다. 이 시스템들은 만들고 유지하는 데 비용이 많이 듭니다. 돈이 많은 사람과 국가만이 새로운 기술을 살 수 있다면, 다른 이들은 뒤처질 거예요.

로봇과 스마트 시스템을 운영하려면 에너지가 많이 듭니다.

돈 이야기가 나왔으니 말인데, 만약 로봇이 일을 다 한다면 사람들은 어떻게 생계를 유지할까요? 자율 주행 자동차가 화물차, 버스, 택시 운전사를 대신하면서 몇몇은 새로운 직업을 찾을 테지요. 하지만 로봇이 모든 직업을 가져간다고 하면요? 사람들은 결국 길에 나앉고 굶주릴 수도 있어요. 이 문제를 막으려고 일부 전문가는 나라에서 보편적 기본 소득을 줘야 한다고 말합니다. 그러나 그렇게 될 거라는 보장은 없어요. 또는 가족들의 모든 필요를 채우는 데 보편적 기본 소득의 돈이 충분할 거라는 보장도 없습니다.

기본 소득 아이디어가 잘 진행된다고 해도, 당신은 정말 영원한 휴일을 즐기려고 할까요? 얼마 동안은 비디오 게임을 하거나 친구들과 하루 종일 노는 것이 즐겁겠지요. 그러나 결국 당신은 지루해지거나 심지어는 비참해지기 시작할 것입니다. 인간은 쓸모 있고 성공적인 기분을 느끼고 싶어 해요. 당신은 항상 학교가 좋지는 않겠지만, 교육과 직업, 경력은 목표 의식과 성취감을 줍니다. 운동, 게임, 미술, 음악 등 그 밖의 취미는 학교나 직장을 대신할 수 있지만, 올바른 수업 내용과 훈련을 받을 때 한해서지요.

당신은 정말 영원한 휴일을 즐기려고 할까요?

당신은 선생님이나 코치가 로봇이기를 원하나요?

로봇이 아무리 능숙하다고 해도, 어떤 직업에서는 사람이 로봇을 원하지 않을 수도 있어요. 당신은 선생님이나 코치가 로봇이기를 원하나요? 베이비시터나 간호사 로봇은요? 물개처럼 생긴 껴안는 로봇 파로(Paro)는 이미 일부 양로원에서 사람들을 편안하게 해 주고 있어요. 자폐가 있는 아이들이 의사소통을 배우도록 도와주는 로봇도 있지요. 이런 로봇들은 생생한 소리와 표현을 만들어 내는 경우가 많아요. 감정을 알아차리고 따라 하는 로봇도 있답니다. 휴머노이드 로봇 페퍼는 이미 호텔, 은행, 공항, 쇼핑센터 또는 그와 비슷한 장소에서 사람들을 돕고 있지요. 사람이 기뻐하면 페퍼도 미소를 짓습니다. 슬퍼 보이면 페퍼는 뭔가 위로의 말을 해 줘요. 그렇지만 사실 페퍼는 아무것도 느끼지 않아요. 파로나 페퍼 같은 로봇을 이용하는 사람들은 기계와 친구가 되고, 그들을 믿고, 심지어 사랑을 하지 못하는 기계를 사랑할 수도 있습니다. 그것이 도덕적으로 잘못된 일일까요? 필요한 돌봄을 받는 한, 그건 별로 중요하지 않을 거예요.

로봇이 살아있지 않고 아무것도 느끼지 못한다고 해서 그들을 함부로 대해도 되는 걸까요? 연구 결과에 의하면, 보조 로봇에게 소리를 지르는 사람은 다른 사람을 대할 때도 무례할 가능성이 높다고 해요. 스타워즈의 C3PO와 R2D2처럼 로봇이 사람들과 친해질 정도로 인간적인 면모를 갖게 된다면, 존중과 함께 기본적인 인권과 자유를 누릴 자격이 생길지도 몰라요.

로봇을 위한 규칙

우리가 로봇에 의지하게 될수록 로봇이 확실히 안전하고 믿을 만하며 또한 반드시 인간의 가치관에 맞는 결정을 내리게 하는 것이 중요해요. 아이작 아시모프의 유명한 공상 과학 소설에 나오는 로봇들은 세 가지 규칙을 꼭 따라야 합니다. 인간을 해치지 말아야 하고, 인간이 시키는 대로 해야 하며, 자신의 존재를 지켜야 하지요. 안타깝게도 이런 규칙들이 모든 상황을 대비하지는 못해요.

예를 들어, 한 아이가 자율 주행 자동차 앞을 달린다고 해 봅시다. 그 자동차가 방향을 바꾸며 충돌해 차에 탄 승객들이 죽을 뻔해야 하는 걸까요? 아니면 아이를 치고 가는 위험을 무릅써야 할까요? 옳은 일은 개인의 신념 체계뿐만 아니라 그 상황의 구체적인 사항에 따라 다릅니다.

로봇과 스마트 시스템은 이미 존재합니다. 이제 당신을 비롯한 세상의 모든 사람이 해야 할 중요한 일이 있어요. 당신은 로봇의 신념 체계가 무엇이어야 하는지, 먼 미래에 로봇이 어떻게 하면 인류의 번영을 가장 잘 도울 수 있는지 알아내는 사람 중 하나가 될 거예요.

2. 순간 이동

한밤중에 알람이 울리고 당신은 침대에서 뛰어내립니다.
오늘이 바로 그날이지요! 당신이 킬리만자로산에 올라가는 날이요!

당신은 재빨리 옷을 입고 아침을 조금 먹습니다. 그런 다음에는 냉장고만 한 크기의 기계에 발을 올려놓아요. 화면을 터치해 목적지를 선택합니다. 목적지는 아프리카에서 가장 높은 산인 킬리만자로산이에요. 스캐너가 당신의 몸을 위아래로 통과합니다. 당신은 눈을 감은 채 사라지지요.

하지만 당신은 진짜로 사라진 게 아니에요. 눈을 뜨면, 당신은 다른 기계 안에 있습니다. 문이 열리고, 당신은 식물과 듬성듬성 자란 작은 덤불, 흩어진 바위들이 펼쳐진 광활한 곳으로 나갑니다. 그 위로는 산봉우리가 우뚝 솟아 있네요. 당신은 탄자니아의 킬리만자로산 정상을 바라보고 있고, 이곳은 이미 오전이에요. 당신은 친구와 함께 산에 오르며 일주일을 보내고, 그다음에는 산꼭대기에서 집으로 순간 이동 합니다. 당신의 뒤에 있는 기계에서 '윙' 소리가 나자 친구 중 한 명이 기계 밖으로 나오는군요. 곧 세계 곳곳에서 더 많은 친구가 도착했어요.

순간 이동은 무엇이든 한 곳에서 다른 곳으로 즉시 보낼 수 있게 해 주었어요. 물건을 옮기기 위해서 더는 자동차, 화물차, 기차, 비행기가 필요하지 않아요. 순간 이동기가 있는 사람은 누구나 음식과 약, 필요한 모든 것을 바로 이용하지요. 이제 아무도 향수병에 걸리지 않아요. 고작 가장 가까이에 있는 순간 이동 부스까지의 거리가 집까지의 거리와도 같으니까요. 부모님은 멀리 떨어진 도시나 국가에서 일을 하는데도 점심, 저녁 식사를 하러 집으로 오십니다. 멀어서 못 가는 콘서트나 축구 경기는 없지요.

그저 반려견을 산책시킬 때도 전 세계 어느 국립 공원이나 갈 수 있습니다.

세상 어디로든 수학여행을 다니고 가족들은 주말에 전 세계의 어느 국립 공원이나 갈 수 있습니다. 그저 반려견을 산책시키려 할 뿐인데도 말이에요. 심지어 당신은 잠깐 달이나 화성에 들를 수도 있습니다. 순간 이동은 정말이지 굉장한 일이에요.

물질과 에너지

<해리 포터> 시리즈 책에 나오는 사라지는 캐비닛은 사람이나 물건을 즉시 여기저기로 옮겨줍니다. 그리고 드라마 <스타 트렉>에서는 우주 탐험조가 트랜스포터라고 하는 순간 이동 부스와 비슷한 허구의 장비를 사용해요. 그들이 "날 전송해 줘!"(원어로는 Beam me up!으로, 광선을 맞고 순간 이동한다.)라고 말하면, 외계 행성에서 사라졌다가 우주선에서 다시 나타나지요(또는 그 반대로도 이동합니다). 전송은 아래와 같은 방식으로 이루어집니다.

1단계 : 사람의 몸을 입자 광선으로 바꾸고 새로운 곳으로 잽싸게 날린다.

2단계 : 모든 입자를 다시 조립해 사람을 만드는데, 이 전과 똑같아지도록 한다.

단계마다 해결하지 못할 수도 있는 커다란 문제들이 있어요. 1단계에서 순간 이동 기계는 사람을 물질의 작은 구성 요소인 입자로 부수어야 합니다. 가장 작다고 알려진 입자는 쿼크인데요. 현재 과학자들이 이해하는 물리학에 따르면, 사람을 수많은 쿼크로 바꾸려면 온도가 섭씨 10조 도가 되어야 합니다. 이 온도는 태양의 중심부보다 백만 배나 뜨거운 온도예요! 우리가 아는 기술 중에서는 그렇게 강력한 열을 만들어 낼 수 있는 것이 없고, 게다가 그 열은 당신을 죽일 게 분명하죠. 갑자기 거대한 불길에서 목숨을 잃는다니(당신이 다른 곳 어딘가에서 부활한다고 하더라도) 좀처럼 유쾌하게 들리지는 않는군요. 이런 기계를 시도해 보려고 자원하는 사람은 별로 많지는 않을 것 같네요!

> 갑자기 거대한 불길에서 목숨을 잃는다니 좀처럼 유쾌하게 들리지는 않는군요.

하지만 순간 이동 기술은 원래의 몸을 파괴하고 전송할 필요가 없어요. 그 기술이 입자 광선에서 사람을 만들 수 있다면, 어떤 입자든 사용할 수 있어야 합니다. 이 기계에 진짜로 필요한 것은 어떻게 사람을 조립하는지에 대한 설계도나 지시 사항입니다. 그렇지만 사람의 설계도를 어떻게 만들까요? 그걸 제대로 아는 사람은 아무도 없어요. 적어도 당신은 사람의 유전자 코드뿐만 아니라 대단히 정밀한 뇌 스캔이 필요할 거예요. 연구자들은 이 정보가 300 노닐리온 기가바이트라고 계산했어요(1 노닐리온은 숫자 1 뒤로 0이 30개나 붙은 숫자랍니다!).

"뉴런 수와 그 사이를 연결하는 것의 개수는 믿을 수 없을 정도입니다." 은퇴한 물리학자 시드니 퍼코비츠는 말합니다. 그는 《할리우드 사이언스(Hollywood Science)》의 저자이고 에모리대학교에서 여러 해 동안 물리학을 가르쳤어요. 우리는 몇 기가바이트 크기의 영화나 비디오 게임을 자주 다운로드하고 보내지만, 그것조차 약간 시간이 걸리지요. 사람을 계획하는 데 필요한 정보를 적정한 시간 안에 주고받을 수 있는 기술은 현재로선 없습니다.

그리고 이건 1단계에서만 그런 거예요! 2단계에서 순간 이동 기계는 설계도에 따라 입자에서 살아있는 사람 전체를 3D 프린트해 내야 하는데, 이는 불가능해 보입니다. 연구자들은 지금으로서는 살아있는 장기 하나를 어떻게 인쇄하는지도 아직 알아내지 못했어요. (6장을 참고하세요.)

이뿐만이 아니에요. 순간 이동 기계에서 나오는 사람은 거기로 들어갔던 사람과 똑같은 사람이어야 해요.

그런데 물리학의 불확정성 원리에 의하면, 입자에 대한 완벽한 정보는 찾을 수가 없어요. 따라서 당신의 설계도도 완벽하지 않을 거예요. 그리고 3D 프린터 역시 사소한 실수를 할 수 있겠지요. 이 작은 실수가 모여 큰 문제가 될 수 있습니다. 당신이 킬리만자로산으로 가는 도중에 순간 이동 기계가 당신의 뇌에 대한 중요한 정보를 놓치거나, 프린터가 뉴런 몇 개를 헷갈릴 수도 있습니다. 당신은 뇌 손상으로 고통 받게 될 수도 있어요! 당신이 무사히 도착한다고 해도, 순간 이동 기계에 발을 들여놨던 원래의 당신은 어떻게 되었을까요? 그 몸은 죽었을까요? 아니면 순간 이동 기계가 당신을 복제해 새로운 곳에 만들어 놓았을까요? 당신은 여행할 때마다 죽거나 스스로가 복제되는 것을 정말로 원하나요? 어느 쪽을 선택하든 아주 이상해 보입니다.

> 당신은 뇌 손상으로 고통 받게 될 수도 있어요!

이런 생각은 모두 너무 허무맹랑해서, 인간의 순간 이동을 진지하게 연구하는 과학자는 아무도 없어요. 퍼코비츠는 그 아이디어에 대해서 생각하는 것은 재미있지만 현실적으로 실행에 옮기기란 어떤 방법으로도 불가능해 보인다고 말합니다. 순간 이동은 당신이 어디를 가든지 자동차, 비행기, 우주선으로 올라가는 것보다 결코 더 빨리 데려다주지 못할 가능성이 커요.

가상 공간에서 홀로그램으로

그런데 그거 아시나요? 당신은 아무 데도 가지 않고 킬리만자로산을 오를 수 있다는 사실을! 당신은 가상 현실(VR) 헤드셋을 쓰기만 하면 된답니다. 가상 현실 기술은 몇 십 년 전부터 있었지만, 장비의 부피가 크고 비쌌어요. 지금은 더 작고, 더 저렴한 장비가 생생한 경험을 하게 해 주지요. 가상 현실은 당신을 새로운 장소로 데려가지 않아요. 그 대신, 장소에 있는 것 같은 경험을 당신에게 가져다줍니다. 당신은 실제로 거기 있지 않은 것을 보고 듣는 거예요. 그 경험은 모두 당신의 뇌를 속이는 기발한 환상입니다.

예로, 스탠퍼드대학교의 '가상 인간 상호 작용 연구소'는 마치 깊은 구덩이 위로 튀어나온 바위에 서 있는 것처럼 느끼게 하는 시뮬레이션을 실행했습니다. 좁은 나무판자는 또 다른 튀어나온 바위로 이어졌는데, 시뮬레이션을 체험한 사람 중 3분의 1은 자기가 실제로는 단단한 땅바닥에 서 있다는 것을 알면서도 그 구덩이를 가로지르지 않겠다고 했어요. 위험하게 추락하는 것이 너무 진짜 같았던 모양입니다.

증강 현실(AR) 기술은 아바타와 가상 콘텐츠를 실제 세상으로 가져옵니다. 예를 들면, 당신은 거실을 터벅터벅 가로지르는 공룡의 형상을 만들려고 스마트폰의 카메라와 스피커를 사용하는 애플리케이션을 미리 다운받을 수 있지요. 또는 사람들이 가상 연주자가 등장하는 콘서트와 공연에 참석할 수도 있습니다. 휘트니 휴스턴은 2012년에 세상을 떠났지만, 그 유명한 가수의 형상이 증강 현실 기술로 2020년 초 투어에 나섰지요. 가상 현실과 증강 현실을 합쳐서 확장 현실이라 부르기도 합니다.

증강 현실 기술은 누구든 형상으로 만들어 낼 수 있습니다. 심지어 당신도요. 만일 카메라가 당신의 움직임을 3차원으로 캡처한다면, 또 다른 장치가 당신의 아바타를 영상으로 쏴 줄 수 있답니다. 라이트 필드 디스플레이(light field display) 기술은 아주 진짜 같은 사물의 3차원 이미지를 만듭니다. 이 형상은 공상 과학 소설의 홀로그램과 매우 비슷해요. 확장 현실 개발자인 니마 지가미는 온라인 플랫폼 레이아픽스를 관리하는데요. 이 플랫폼은 라이트 필드 디스플레이 그림을 위한 인스타그램 같은 거예요. 여기에 어떤 사용자가 보라색 꽃을 올렸습니다.

> 그 경험은 모두 당신의 뇌를 속이는 기발한 환상입니다.

지가미는 "정말로 손을 뻗어 꺾을 수 있는 진짜 꽃처럼 보이는군요."라고 말합니다.

코로나바이러스가 전 세계적으로 유행하는 동안 사람들은 저마다의 기기를 통해 학교에 가고 생일과 휴일을 기념하고 가족과 친구를 만나야 했어요. 슬프게도 누군가는 사랑하는 사람들과 이런 식으로 헤어져야 했지요. 사람들은 확장 현실을 통해 어떻게 보면 현실보다 더욱 현실 같이 느껴지는 가상에서 모일 수 있습니다. 화면으로 친구나 가족, 선생님을 보는 대신, 거실에 서서 그 사람들을 보는 거예요. 그들이 실제로 거기 있는 것처럼 보이고 들립니다.

로봇 몸

아바타와 홀로그램은 현실의 어떤 것과도 상호 작용할 수 없어요. 하지만 로봇은 할 수 있습니다. 사람들은 이미 깊은 바다나 우주처럼 사람에게 위험한 곳을 탐험하는 데에 원격 조종을 사용해요. 구조대원들은 로봇이나 드론을 사용해 재난 후의 현장을 조사하거나 생존자를 찾지요.

어떤 의사는 환자를 만나기 위해 로봇을 이용합니다. 지금은 이러한 종류의 로봇을 사용하는 것이 마치 화상 통화를 하면서 원격 조종 장난감을 조작하는 느낌이에요. 그렇지만 확장 현실 장비가 당신이 진짜로 거기 있는 것처럼 느끼게 해 줄 수 있다면 어떨까요?

당신이 머리를 움직이면 그 로봇의 머리도 정확히 같은 방식으로 움직여요.

미래에는, 킬리만자로산을 오르고 싶은 사람이 하이킹을 위해서 로봇을 빌릴 수도 있습니다. 로봇이 그 사람 대신 등산로를 걸어갈 거예요. 그동안 사람은 집에서 로봇의 카메라를 통해 보고 로봇의 마이크를 통해서 듣고 로봇의 몸에 있는 센서를 통해 킬리만자로산을 느끼겠지요. 마치 산에 있는 것처럼 느끼게 되는 거예요. 확장 현실 개발자 엠레 태너건은 이런 미래를 엿볼 수 있는 도라(DORA)라는 로봇을 만들었어요. 로봇을 이용하는 사람은 헤드셋을 쓰고 로봇의 마이크와 카메라를 통해 세상을 보고 듣습니다. 이와 동시에, 태너건은 "이 로봇은 사용자의 머리 움직임을 따라 합니다."라고 설명하네요. 당신이 로봇을 이용하다가 주변을 둘러보고 싶다면, 머리를 움직이면 돼요. 그러면 그 로봇의 머리도 정확히 같은 방식으로 움직이지요. 이상적으로는, 당신과 로봇이 만지는 것과 냄새를 맡는 것, 심지어 맛보는 것까지 전송할 수 있는 장비도 가지게 된다면 이상적이겠군요. 이러한 로봇은 여러분이 가고 싶어 하는 곳이라면 어디든지 걷거나 뛰거나 올라갈 수 있게 해 줄 것입니다. 아직은 로봇 공학 기술과 확장 현실 기술이 이런 종류의 '순간 이동'을 가능하게 할 정도로 훌륭하지 않은 것뿐이에요. 하지만 태너건은 우리는 해낼 것이라고, 아마도 20년 안에 해낼 것이라고 말합니다.

새로운 세상

확장 현실에서 우리는 이야기를 나누거나 정보를 공유하는 데 낱말과 소리, 이미지의 한계가 없어요. 우리는 몸 전체의 경험을 공유할 수 있습니다. "우리는 머리만 가지고 생각하지 않아요." 미래연구소의 이머징 미디어 랩(Emerging Media Lab) 연구소장인 토시 앤더스 후가 말합니다. "우리는 온몸으로, 주변 환경과 함께 생각합니다. 또한 우리는 사회적으로도 생각하지요." 확장 현실 속에서 당신은 집에서 찍은 동영상을 보기만 하는 것이 아니라, 그 영상에 담긴 추억을 다시 체험할 수 있어요. 엔지니어들은 실제 물건을 어설프게 고치기 전에 제트 엔진의 홀로그램을 이용해 고치는 연습을 할 수 있고요. 외과 의사들은 가상의 환자로 수술을 연습해 볼 수 있습니다. 당신은 보고 듣는 것을 통해 배우지 않고, 다니고 행동하며 배우지요.

그러나 확장 현실의 사실적인 환상에는 까다로운 윤리적 문제가 따라와요. 확장 현실 기술이 잘 작동하기 위해서는, 사람의 행동과 그들의 주변에 대한 엄청나게 많은 정보를 캡처해야 해요. 당신이 사용할 확장 현실 장비를 만드는 사람이 누구든지, 그 사람이라면 당신이 장비를 사용할 동안 어디에서 어떻게 움직이고 말하며 행동하는지를 추적할 수 있어요. 사람들은 이러한 개인 정보를 보호하기 위해서 반드시 싸워야 할 거예요.

사람들은 너무 많은 시간을 확장 현실 안에서 보낼 수도 있습니다.

또 다른 문제는 사람들이 확장 현실 안에서 너무 많은 시간을 보낼 가능성이 있다는 것입니다. 이미 인터넷, 소셜미디어와 비디오 게임은 사람을 가상의 세계로 끌어들여 진짜 세상에는 주의를 기울이지 못하게 해요. 가족이나 친구가 당신을 알아차리지 못할 정도로 기계에 너무 몰두해서 화가 나거나 불만스러운 적이 있지 않았나요?

만약 어떤 사람이 현실 세계에 있는 자신의 친구, 가족, 책임에서 너무 멀어졌다면, 심리학자는 그 사람을 인터넷 또는 게임 중독이라 진단할 거예요. 멋진 아바타나 로봇 몸으로 사는 경험은 훨씬 더 중독적일 수 있어요. 영화 〈레디 플레이어 원〉에서는 사람들 대다수가 환상을 더 좋아해서 가상 현실이 매우 활기차고 완벽해졌습니다. 다른 세계에서 다른 몸을 가진다는 것은 머리를 식히는 것 그 이상이에요. 그곳에서 당신은 현실과 완전히 단절되니까요.

현실 세계의 경험은 가상 현실에 비해 많은 것을 줍니다.

또한 가상 현실에 비해 현실 세계의 경험은 많은 것을 줍니다. 예를 들어, 킬리만자로산을 실제로 올라간다면, 희귀한 살쾡이를 보며 또 다른 살아있는 생명체와 마주하는 기쁨을 느낄 수 있습니다. 다치거나 길을 잃을 수도 있어요. 당신의 몸과 마음을 한계까지 밀어붙이고 위험에 저항하다 보면 우리는 더욱 살아있음을 느낄 수 있습니다. 가상 세계는 그런 발견과 위험을 흉내 낼 뿐이에요. 당신이 원한다면 언제든지 빠져나올 수 있는 환상이지요. 따라서 당신이 진짜 산에서 했던 것과 똑같은 짜릿함은 느끼지 못할 거예요. 인간의 건강에 중요한, 현실에서의 진짜 운동과 햇볕 쬐기도 가상 세계에서는 똑같지 않을 것입니다. 마찬가지로 확장 현실에서의 포옹을 어떻게 실제처럼 편안하게 느낄 수 있을지 상상하기가 어렵지요. 당신이 껴안는 압력을 전달하려고 조끼를 입었다고 해도, 당신이 환상을 껴안고 있다는 사실은 여전할 거예요.

이런 모든 이유로, 확장 현실은 현실 세계의 경험을 대신하지 못해요. 오히려 다른 방법으로는 할 수 없었을 경험을 가능하게 할 새로운 방법을 제공합니다. 확장 현실에서는 누구나 킬리만자로산을 오를 수 있어요. 신체적 어려움이 있는 사람도요. 확장 현실이 보여주는 위험이 진짜 같지만 실제로는 진짜가 아니라는 점은 사람들이 두려움이나 트라우마를 극복하도록 도울 수 있어요. 또 확장 현실에서는 누구나 포옹할 수 있습니다. 전 세계에 퍼진 전염병 때문에 서로를 안전하게 만나볼 수 없는 사람이라 해도요. 똑같지는 않겠지만, 아무것도 없는 것보다는 나을 수 있습니다.

심지어 가정에서는 세상을 떠난, 사랑하는 가족을 안아볼 수도 있습니다. 2020년, 장지성 씨와 어린 딸 나연이가 가상 현실에서 다시 만났을 때가 그랬어요. 나연이는 2016년에 7살의 나이로 엄마 곁을 떠났습니다. 세상을 떠난 사랑하는 사람의 환상과 상호 작용을 한다는 생각은 기괴하고 옳지 않아 보일 수도 있어요. 하지만 그것이 세상을 떠난 사람의 동영상이나 사진을 보는 것과 정말 그렇게 다를까요? 가상 현실 개발자 리브 에릭슨은 장지성 씨가 가상 현실 장비를 이용해 가족의 경험을 기록해 왔고, 이렇게 말했다고 해요. "그렇게 저는 가능한 한 오랫동안 그때의 가족과 '함께 할' 수 있어요."

심지어 가정에서는 세상을 떠난, 사랑하는 가족을 안아볼 수도 있습니다.

"당신은 언제나 어떤 규모로, 어디로든 갈 수 있습니다."

유감스럽게도, 사기꾼도 믿지 말아야 할 것을 믿는 사람을 속이려고 가상의 존재를 이용할 수 있어요. 돈을 훔치거나 누군가를 속이기 위해서 다른 사람이라고 사칭하는 캣피싱(Catfishing)은 이미 온라인상에서 일어나고 있지요. 속이는 사람이 단순히 프로필 사진뿐만 아니라 몸도 가지고 있다면 훨씬 더 큰 손해를 끼칠지도 몰라요. 가상 현실의 환상이나 확장 현실의 홀로그램이 충분히 그럴듯해진다면, 사람들은 가짜인 사람이나 물건을 진짜라고 믿고 속을 수도 있습니다.

하지만 확장 현실은 세상을 더 좋은 곳으로 만들 가능성이 있어요. 확장 현실 기술은 현실에서는 할 수 없는 경험과 연결의 새로운 형태를 열어 주지요. 한 사회적 가상 현실 실습에서 많은 사용자들이 같은 물건을 가지고 놀때, 빛나는 선이 나타나 그들의 가슴을 연결했다고 후는 말합니다. 마치 현실에서의 생생한 그룹 포옹처럼 말이에요. 확장 현실로 여행한다면 순간 이동보다 더 많은 것을 할 수 있어요.

"당신이 누구인지는 생각, 느낌, 아이디어만큼 중요하지 않습니다."

　후는 "당신은 언제나, 원하는 만큼 멀리, 어디로든 갈 수 있습니다. 그리고 누구와도 같이 갈 수 있지요."라고 말합니다. 당신은 슈퍼히어로처럼 도시 위를 날 수도 있고, 떨어지는 눈송이에 올라타 하늘을 날기 위해 움츠리거나, 빅뱅의 순간을 관찰할 수도 있어요.

　또한 당신은 원하는 어떤 사람이든 될 수 있습니다. 말 그대로 다른 사람의 입장이 되어 볼 수 있어요. "당신이 누구인지는 생각, 느낌, 아이디어만큼 중요하지 않습니다."라고 지가미는 말합니다. 당신은 이 자유를 다양한 관점을 탐색하는 데에 이용할 수 있어요. 그 예로, '가상 인간 상호 작용 연구소'는 노숙자처럼 사는 가상 현실 체험을 만들었답니다. 어떤 체험 장면에서는 당신이 따뜻하게 있으려고 버스를 타자 다른 사람이 당신의 물건을 가져가려고 해요. 그 경험이 공감과 동정심을 만들어 줍니다. 다른 문화, 인종, 민족성, 성별의 일부가 되는 삶의 경험도 비슷한 효과가 있어요. 우리는 다른 공간과 다른 존재의 방식으로 순간 이동하기 위해 확장 현실을 이용하고, 이를 통해 타인과 우리의 세상을 더 잘 이해할 수 있게 된답니다.

3. 우주에 있는 도시

매끈한 우주선 하나가 하늘로 올라갑니다.
그러더니 지구의 대기를 뚫고 우주의 어둠 속으로 뛰어들어요.
당신은 창문 밖의 파랗고 녹색이며, 하얀 별인 지구를 물끄러미 바라봅니다.
그리고 몇 달간 이어질 여행에 적응합니다.

마침내 당신은 목적지에 도착했어요. 붉은 세상이 구름에 둘러싸여 있네요. "우리는 곧 화성에 도착합니다." 선장이 말합니다. "착륙을 위해 안전벨트를 매 주십시오." 우주선이 내려가고 곧 쿵 소리를 내며 착륙해요. 당신은 터널을 통해 빠져나와 식물이 가득히 자라고 있는 드넓은 돔으로 들어갑니다. 기계와 컴퓨터가 돔의 공기 질과 온도를 유지하기 위해 작동하면서 윙윙거려요. 계단은 거대한 터널과 동굴 시스템으로 이어집니다. 도시 전체가 화성의 땅 아래에 있네요.

비슷한 도시가 태양계 곳곳에 있습니다. 달에 있는 기지에서는 소행성 채굴을 감독해요. 수천 명의 사람이 크고 자유롭게 떠다니는 우주 정거장에 살고 있어요. 그사이 많은 용감한 탐험가 그룹이 다른 태양계를 향해 출발했습니다. 그들은 이제 더 이상 단단한 땅에 발을 딛지 않고 우주선에 탑승해 살아갈 거예요. 언젠가 그들의 아이들이 외계에 착륙하겠지요. 인류는 지구 너머로 멀리 퍼졌습니다. 오늘 당신은 화성에 있지만, 은하계 전체는 탐험을 위해 펼쳐져 있지요.

로켓 사이언스

우주 비행사들은 이미 달 위를 걷고 있었고 국제 우주 정거장(ISS, International Space Station) 안에서 살고 있었어요. 과학자들은 로버(rover)라고 불리는 로봇 자동차를 화성에 착륙시켜서 식물, 위성, 소행성, 혜성을 조사해 왔지요. 그런데 왜 우리는 아직도 화성에 기지를 두지 못한 걸까요? 1969년, 미국 대통령은 1982년에 사람을 화성에 착륙시키는 임무를 고려했었습니다. 그러나 미국은 대신 우주 왕복선 만들기를 선택했어요. 그 왕복선은 30년 동안 우주를 왔다 갔다 하며 사람과 보급품을 날랐습니다. 사실, 우리는 이미 우주를 탐험할 기술을 가지고 있어요. 그 기술은 오래전부터 있었답니다. 그러나 높은 비용 때문에 대부분의 임무 아이디어는 실현되지 못했습니다.

우주로 물건을 보내는 것은 아주 비싸답니다(게다가 싣는 것 역시 위험해요). 지구의 중력과 두꺼운 대기는 거기서 빠져나가려고 하는 것이 무엇이든 간에 다시 반대로 밀어내요. 지구의 붙잡는 힘을 이겨내려면, 우주선은 엄청나게 빨리 움직여야 하는데요. 1초당 11킬로미터 정도 되는 탈출 속도에 다다라야 해요. 이는 당신이 8분 안에 뉴욕에서 런던까지 갈 수 있는 속도랍니다. 로켓은 이 속력을 충분히 내기 위해 추진 연료를 매우 폭발적으로 태웁니다. 게다가 우주에는 주유소가 없기 때문에, 로켓은 항해하는 동안 필요한 추진 연료까지 전부 가지고 다녀야 해요. 로켓을 매우 무거워지게 만드는 원인이 바로 이것입니다. 로켓이 무거울수록, 연료는 더 많이 필요해져요. 사실상 로켓에 있는 추진 연료 대부분이 나머지 추진 연료를 우주로 밀어 주기 위해 있는 셈이지요!

사실상 로켓에 있는 대부분의 추진 연료가 나머지 추진 연료를 우주로 밀어 주고 있는 셈입니다.

결국, 선체에는 페이로드(payload)를 위한 공간은 많이 남아있지 않게 된답니다. 페이로드란 우주로 가는 우주 비행사나 장비를 뜻해요. 2012년, 우주 왕복선을 타고 0.5킬로그램 되는 축구공 크기의 페이로드를 우주로 보내는 데에 약 5,000파운드가 들었습니다.

당신이 화성을 여행하기 위한 짐은 비용이 얼마나 들지 생각해 보세요! 다행스럽게도, 민간 기업들은 로켓을 더 저렴하게 만들고 발사할 방법을 찾는 중이에요. 2020년 스페이스X 기업은 팔콘9 로켓을 사용해 2명의 우주 비행사를 쏘아 올렸습니다. 그 전에 스페이스X는 이 로켓을 안전하게 수거해 다시 사용할 수 있다는 사실을 몇 년에 걸쳐 보여 주었어요. 과거에는 우주로 발사할 때마다 다른 새 장비가 많이 필요했습니다. 로켓을 재사용할 수 있다는 점은 발사 비용을 조금 낮춰주지요. 팔콘9로 0.5킬로그램을 우주로 보내는 데에 든 비용은 약 1,800파운드뿐이에요. 그리고 스페이스X는 그 비용이 반으로 줄어들기를 기대하고 있어요. 그 정도라면 화성으로 여행할 수 있을 만큼 저렴한 거랍니다. 스페이스X의 설립자인 일론 머스크는 2026년까지 인류를 화성에 데려다 줄 계획입니다. 텍사스 휴스턴에 있는 '달과 행성 연구소'의 우주 생물학자인 켄다 린치는 "우리에겐 모든 사람을 그곳에 데려다 줄 기술이 있습니다."라고 말합니다. "그 기술은 사람을 현지에 데려다 줄 뿐만 아니라 거기서 반드시 살아남게 해 줄 것입니다. 우리는 그 기술을 여전히 연구 중입니다."

> 일론 머스크는 2026년까지 인류를 화성에 데려다 줄 계획입니다.

차갑고 붉은 사막

화성에서 산다는 건 어떤 모습일까요? 남극에서 사는 것을 상상해 보세요. 그런 다음 공기와 물 대부분을 없애버리고 훨씬 춥게 해 보세요(참, 펭귄도 없애야죠. 화성에 그런 것은 하나도 없어요). 가장 큰 문제는 공기가 부족하다는 거예요. 지구는 대기라고 하는 두꺼운 기체층(대부분 질소와 산소)으로 덮여 있어요.

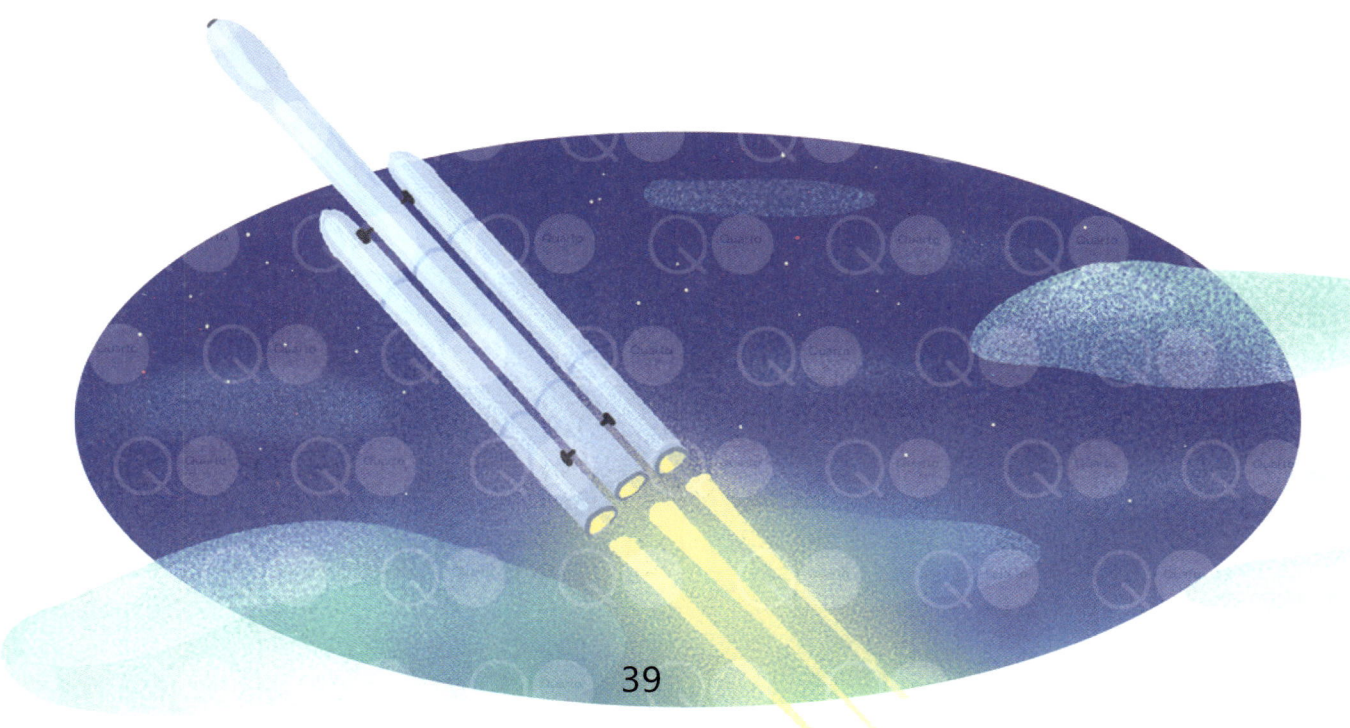

남극에서 사는 것을 떠올려 보세요. 그런 다음 공기와 물 대부분을 없애버리고 훨씬 춥게 해 보세요.

화성은 얇은 대기를 가지고 있는데, 이 대기는 거의 다 이산화탄소라고 하는 기체로 이루어져 있어요. 만약 여기서 사람이 숨을 쉬려고 한다면 질식할 거예요. 살아남기 위해서는 산소가 필요합니다.

국제 우주 정거장(ISS)에서 우리는 공기 문제를 해결했어요. 우주 정거장은 전기 분해를 사용해 물을 공기로 바꿉니다. 이 과정은 전기를 사용해서 우주 비행사가 H_2O(물) 분자에서 숨을 쉴 수 있는 산소를 얻는 거예요. 우주 정거장의 물은 원래 지구에서 나온 거지만, 화성까지 물을 운반하려면 비용이 너무 많이 들 거예요. 화성에 조금이나마 남은 액체 상태의 물은, 거의 2킬로미터 두께에 가까운 얼음판 아래 묻혀 있습니다. 화성의 흙에는 작은 얼음 조각이 포함되어 있지만 흙에서 얼음을 빼내 녹이려면 많은 에너지가 들 것입니다. 이 에너지는 태양 전지판이나 원자로에서 얻을 수도 있어요. 따라서 화성으로 이주하려면 물을 추출하고 공기를 만들 에너지가 필요하지요. 그리고 공기를 담을 수 있는 주거지나 밀폐된 공간이 필요해요. 당연히 마실 물과 씻고 농사지을 물도 필요할 테니, 물을 재활용하는 것이 맞겠지요. 우주 정거장에서는 버리는 물은 전부(오줌까지도) 깨끗하게 정화해서 곧바로 급수 시설에 들어갑니다. 우주 정거장에 있는 우주 비행사들에게는 이런 농담이 있어요. '어제의 커피는 곧 내일의 커피다.'

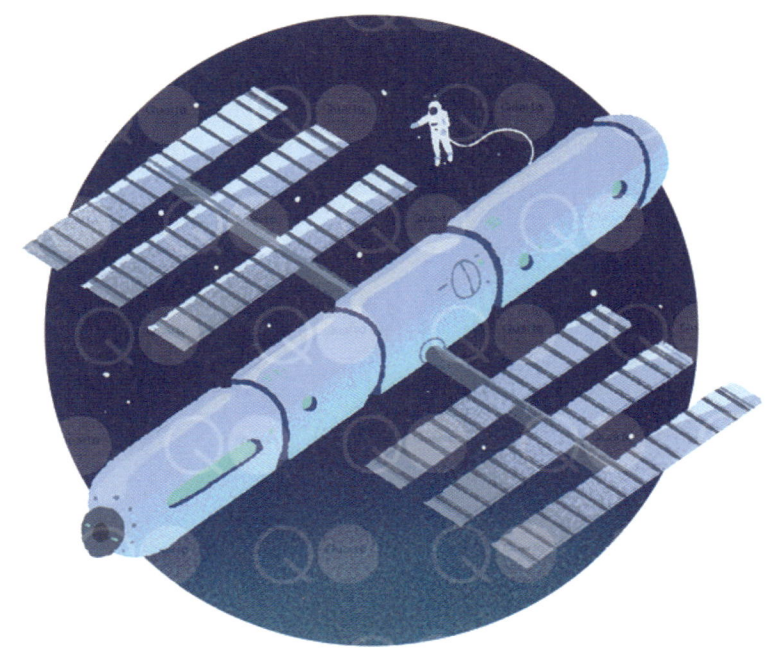

우주 정거장에서 오줌은 깨끗하게 정화되어 곧바로 급수 시설에 들어갑니다.

우주 정거장은 지구에서 많은 도움을 받습니다. 정기적인 보급 임무는 음식과 약품, 장비를 가져다줍니다. 우주 비행사는 언제라도 지구와 이야기할 수 있어요. 화성은 지구와 너무 멀리 떨어져 있어서 화성에 살면 이런 종류의 공급은 얻지 못할 거예요. 두 행성은 태양 주변에서 다른 속도로 각자의 궤도를 돌다가 2년마다 왕복 여행을 할 수 있을 정도로 가까워집니다. 그렇다고 해도, 현재 우리의 기술로는 그 여행은 6개월에서 8개월 정도가 걸릴 거예요. 이 어마어마한 거리는 메시지의 속도도 느려지게 합니다.

만약 당신이 화성에 있는 동안 친구에게 문자를 보내면, 그 메시지는 3분에서 20분 사이에 도착할 거예요. 따라서 화성에 정착하면 에너지를 만들고, 물을 추출하고, 공기를 만들고, 식량을 재배하고, 필요한 것을 거의 다 직접 만들어서 문제를 해결해야만 합니다.

이런 것을 제쳐 둔다고 해도, 화성에 사는 사람에게는 중요한 문제가 남아있어요. 아마 당신이 미처 생각하지도 못한 것일 수 있습니다. 화성에는 자기장이 없어요. 그게 왜 문제가 되냐고요? 태양과 별과 다른 우주의 물체는 방사선이라고 불리는 많은 에너지를 뿜어냅니다.

> 만약 당신이 화성에 있는 동안 친구에게 문자를 보내면, 그 메시지는 3분에서 20분 사이에 도착할 거예요.

우리는 그중 일부를 가시광선으로 보지만, 눈에 보이지 않는 종류의 방사선 역시 많답니다. 어떤 종류는 살아 있는 세포를 상하게 해서 암에 더 잘 걸리게 해요. 다행스럽게도 지구의 자기장은 대부분의 해로운 방사선이 우리 행성에 들어오지 못하도록 방향을 바꿔준답니다. 우리는 지구의 자기장을 통과한 방사선으로부터 스스로를 보호하려고 선크림을 바르지요. 우주선이나 달 또는 화성의 표면에는 자기장이 없어요. 이는 곧 보호막이 없다는 뜻입니다. 우주 정거장이나 달에 있었던 우주 비행사들은 모두 높은 수치의 방사선에 노출된 거예요. 하지만 그건 아주 짧은 기간에 불과하지요. 화성을 여행하는 사람들은 몇 달 동안의 긴 여행 기간 내내 방사선에 노출될 것입니다. 화성에 계속 사는 사람이라면 누구라도 선크림보다는 스스로를 보호할 훨씬 두꺼운 뭔가가 필요할 거예요. 두꺼운 벽이나 동굴이 필요할지도 몰라요. 로버트 주브린은 우주 공학자이고 화성협회(화성 탐사와 식민지 건설을 목표로 가진 비영리 단체로, 대중과의 소통과 연구 활동을 활발하게 하고 있다.)의 회장입니다. 그는 화성에 간 사람들이 '대부분 지하에 있는 식민지에서 살아가게 될 것'이라고 예측해요.

즐거운 우리 화성 집

화성을 사람이 살 수 있는 장소로 만드는 것은 쉽지 않을 거예요. 그리고 화성에서의 완벽한 거주지(에너지를 만들어 내고 물을 수집하고, 공기를 만들고, 식량을 기르고, 방사선을 막는 등의 시스템을 가진)를 지구에서 만들 수 있다고 해도, 우리는 그것을 화성에 가지고 가야만 합니다.

로켓이 정해진 양의 페이로드만을 나를 수 있다는 것을 기억하세요. 페이로드는 가볍고 간편할수록 좋답니다. 부풀어 오르거나 펼칠 수 있는 구조라면 효율적이겠지만, 가벼운 플라스틱은 화성의 거친 환경에서 오래가지 못할 가능성이 커요.

또 다른 멋진 생각은 곰팡이로 화성에 구조물을 기르는 거예요.

화성에 뭔가를 건축하는 것이 더 나은 생각일 수도 있습니다. 서던캘리포니아대학교의 공학자 베록 호슈네비스는 화성의 흙을 건물로 바꿀 방법을 찾아냈어요. 호슈네비스는 화성의 흙에 황이 많이 들어 있고, 황은 쉽게 녹는다고 설명합니다. "화성의 흙은 식으면 여러 가지 물건에 달라붙습니다." 그는 달라붙는 황을 이용해 콘크리트 스타일의 벽돌을 만들거나 화성의 흙으로 전체 구조를 3D 프린트하는 로봇 시스템을 설계했어요. 또 다른 멋진 생각은 곰팡이로 화성에 구조물을 기르는 거예요. 버섯을 비롯한 곰팡이는 튼튼하고 뿌리같이 생긴 실을 아무 데서나 만드는데요. 제이슨 데어리스는 "이 실이 콘크리트보다 튼튼하고 벽돌보다 가볍다는 것을 실험으로 확인했습니다."라고 말합니다. 그는 이 연구의 자금을 대준 기관인 미항공우주국(NASA)의 혁신 고급 개념(NIAC) 프로그램 책임자예요. 건축가들은 플라스틱 지지대를 설치한 뒤 거기에 조그마한 곰팡이를 붙일 수 있을 것입니다. 화성 공기에 있는 이산화탄소는 곰팡이가 자라도록 도울 것이고 필요한 것은 약간의 물과 먹이가 전부예요. 박테리아와 해조류, 심지어는 사람의 배설물도 곰팡이의 먹이가 될 수 있답니다. 일단 곰팡이가 지지대 전체를 뒤덮고 나면, 곰팡이는 죽어도 그들의 튼튼한 실은 남아있을 것입니다.

우리가 어떤 방법으로 화성에 건물을 짓든지, 그곳에 정착한 사람은 건물에 갇힌 채 우주복이 없이는 다닐 수 없고, 생명 유지 장치에 완전히 의지하게 될 거예요. 마치 감옥과 같겠지요. 많은 사람에게 그건 즐거운 삶의 방식이 아닐 거예요. 화성의 거주지가 영원한 집이 되려면 무언가가 변해야만 해요. 행성이 변하든, 사람이 변하든 말이에요.

행성의 환경을 지구와 더욱 비슷하게 바꾸는 것을 테라포밍(terraforming)이라고 해요. 화성에서의 첫 번째 테라포밍 단계는 행성을 따뜻하게 하는 일이 될 거예요. 이것은 햇빛이 행성의 표면을 향하도록 우주에 거대한 거울을 놓아서 해결할 수 있습니다. 혹은 일론 머스크가 조금 농담 삼아 제안한 것처럼, 핵폭탄을 터트릴 수도 있겠네요.

> 행성의 조건을 지구와 더욱 비슷하게 바꾸는 것을 테라포밍이라고 해요.

화성이 따뜻해져서 얼음이 녹으면 내부에 갇혀 있던 가스가 풀려나오고 대기는 두꺼워질 거예요. 이는 지구에서 일어나는 기후 변화와 비슷해요. 화성을 제외한다면, 사람이 살기에는 대기가 두껍고 따뜻한 행성이 좋아요(화성은 자기장이 약해 대기가 태양풍으로 수시로 소실되며, 독성 가스도 일부 있다고 알려져 있다.) 이런 아이디어들은 여전히 공상 과학 소설의 소재지요. 2018년 미항공우주국의 과학자들은 오늘날의 기술로는 화성을 테라포밍할 수 없다고 계산했습니다. 미래의 기술이라면 화성을 테라포밍할 수도 있겠지만, 그렇다고 해도 그 과정은 대략 천년 또는 그 이상이 걸릴 것 같다고 하는군요. 머스크가 말한 것처럼, 화성은 '손 볼 곳이 많은 행성'이에요.

> 머스크가 말한 것처럼, 화성은 '손 볼 곳이 많은 행성'이에요.

다른 선택지는 사람을 바꾸는 것입니다. 이 말은 화성 같은 곳에서 더욱 편하게 살아갈 수 있도록 인간을 유전적으로 조작하거나 인간의 몸을 로봇 공학으로 개조한다는 뜻이에요. 이것이 어떻게 작동하는지는 8장에서 살펴볼게요.

떠 있는 도시

사람들은 행성을 좋아합니다. 우리는 단단한 땅에 익숙하지요. 그런데 정착하기에 가장 좋은 곳이 과연 화성일까요? 그렇지 않을 거예요. 데어리스는 건축을 하려면 화성 표면에 건물을 짓는 것보다 우주 정거장에 짓기가 더 쉬울 것이라고 지적합니다. 어쨌든 우리는 이미 우주 정거장에 건축을 하고 있으니까요.

'사실상 금성 위에 떠 있는 도시가 우주 식민지를 갖기에 가장 쉬운 장소일 수 있습니다.'

우주 정거장 같은 거주지는 지구와 화성의 궤도를 끝없이 돌아야 할지도 몰라요. 우주 정거장은 자원을 얻기 위한 소행성 채굴이 필요할 수도 있습니다. 소행성에는 물과 추진 연료, 건축 재료, 방사선 보호 장치 등을 만들 수 있는 물질이 있거든요.

우주 정거장에 사는 사람들에게 무중력 상태는 문제가 될 거예요. 공중에서 하는 텀블링이 재미있어 보일 수 있지만, 오랜 기간의 무중력 상태는 사람의 몸에 좋지 않답니다. 근육과 뼈가 빠르게 힘을 잃고 눈 뒤쪽의 체액이 넘쳐서 시각에 문제를 일으킬 수 있어요. 1970년대에 물리학자 제라드 오닐은 거대하고 자유롭게 떠다니는 원통 안에서 자급자족하는 우주 거주지에 대한 계획을 내놓았습니다. 이 원통은 회전하며 중력을 불러일으킵니다. 이 거주지는 태양에서 에너지를 얻고 스스로 식량을 기르지요. 다른 연구자들은 도넛이나 공 형태의 거주지를 제안했지만, 현재 그런 구조물을 짓고 있는 사람은 아무도 없어요.

다른 이웃 행성인 금성은 어떨까요? 글쎄, 이 행성은 별로 달갑지가 않아요. 행성 표면의 압력은 우주선을 찌그러뜨릴 것이고, 섭씨 465도 정도 되는 온도는 오븐을 최대로 틀어 놓은 것보다 더 뜨겁습니다. 대기 아래층에는 사람의 피부를 파먹을 화학 물질인 황산이 구름을 이루고 있지요. 하지만 대기 위층은 달라요. 여기의 온도와 압력, 중력은 모두 사람에게 편안한 정도입니다. 데어리스는 "사실상 지구를 제외하면, 태양계를 통틀어 가장 지구와 비슷한 환경입니다."라고 말해요. "비록 수많은 어려움이 있지만, 지구를 벗어난 태양계 전체에서 금성 표면 위에 떠 있는 도시가 식민지를 갖기에는 가장 쉬운 장소일 수 있습니다."

지구와 훨씬 더 비슷한 조건의 행성이 다른 항성계에 있을 수도 있어요. 그렇지만 우리는 아직 어떤 기술로 거기까지 도착할 수 있을지 도통 알 수 없어요. 가장 가까운 항성계인 알파 센타우리(Alpha Centauri, 센타우루스 별자리에 있는 별 중 가장 밝은 별)까지 이동하려면 로켓을 타고도 약 80,000년이 걸려요. 원자력 엔진이라면 그 이동을 1,000년까지 줄일 수도 있겠네요. 그래도 여전히 긴 시간이지요. 지금까지 엔지니어들이 실험해 온 것은 오직 이 기술뿐입니다. 아주 작은 컴퓨터 칩이 붙은 라이트 세일(light sail, 태양풍을 타고 가속할 수 있는 돛이 달린 우주선)이라면 최소 20년 안에 도착할 수도 있지만, 라이트 세일은 승객을 태울 수가 없어요.

지구 저편으로

많은 전문가는 우리가 지구에 계속해서 머무르면 인류는 먼 미래에 살아남지 못할 거라 지적합니다.

우리는 사람들이 어떻게 우주나 다른 행성에서 살 수 있는지에 대해 이야기했어요. 하지만 꼭 그래야 할까요? 우주여행은 아주 위험해요. 사소한 일이라도 뭔가가 잘못되면 우주선에 타고 있거나 우주 정착지에서 살고 있는 사람들이 전부 죽을 수 있어요. 일부 사람은 이 위험을 기꺼이 무릅쓰려고 하지만, 그 이유는 각자 다르지요. 중요한 건 그 이유입니다. 많은 전문가는 우리가 지구에 계속해서 머무르면 먼 미래에 인류는 살아남지 못할 거라 지적합니다. 호슈네비스는 "우리의 미래가 고작 이 행성 하나에 한정될 수는 없어요."라고 말해요. 몇 가지 재난이 지구의 생명을 완전히 파괴하려 한다면 다른 행성이 우리의 문명을 이어갈 수도 있어요. 예를 들면 화성의 거주지로는 지구의 유행병이 옮지 않겠지요. "우리는 화성에 가능한 한 빨리 자립적인 도시를 가져야 합니다. 이를 위해 노력하는 것이 중요하다고 생각하고요." 라고 머스크는 말했습니다. 머스크는 이것을 인류 전체를 위한 생명 보험이라 여깁니다.

우주에서의 미래를 고려하는 건 단순히 재앙을 피하기 위해서만이 아니에요. 주브린은 인류에게 더 많은 집이 생긴다는 것은 더 많은 혁신의 기회를 뜻한다고 말합니다. 사람들은 새로운 생활 방식을 배울 수 있을 거예요. "화성에 간 우리에게 쓰레기가 생기지 않는다면 어떻게 될까요?" MIT 미디어 연구소에 있는 스페이스 이네이블드 연구팀(Space Enabled research group)의 수장인 다니엘 우드가 우리에게 질문합니다. 화성에서는 자원이 너무 부족해서, 그곳에 사는 사람들은 자기의 쓰레기를 다시 사용할 창의적인 방법을 찾아야만 할 것입니다. 예를 들면 남은 플라스틱은 3D 프린터의 재료가 될 수 있어요. 이러한 혁신은 이곳 지구에서의 쓰레기 문제를 해결하는 데에도 도움이 될 수 있지요.

우리 문명을 우주로 넓히면서, 우리는 과거 인류의 실수를 절대로 반복하지 않도록 해야 합니다. 세계의 지도자들은 자기의 힘과 권위를 높이려고 우주를 좇기도 합니다. 일부 기업은 달이나 행성에서 채굴을 하고 싶어 하고요. 15세기에서 19세기에 지구의 여러 곳을 식민지로 만든 탐험가의 목표도 이와 비슷했어요. 슬프게도, 그들은 목표를 이루기 위해서 생태계를 파괴하고 원주민을 죽이거나 손해를 입혔지요. 우리가 알고 있는 한, 달이나 화성에 살아있는 것은 없어요. 하지만 그렇다고 사람이나 기업이 기지를 건설하기로 하거나 멋대로 테라포밍을 시작해도 괜찮은 걸까요? 우리는 우주를 탐험하는 방식에 대한 의견을 내야만 해요. 예를 들어, 어떤 문화에서는 달을 손대서는 안 되는 신성한 장소로 여긴답니다. 그들의 의견은 중요합니다. 행성을 연구하려는 과학자, 모험을 원하는 탐험가, 다른 세계의 아름다움을 지키려는 예술가의 의견도 똑같이 중요하지요.

당신의 의견 역시 중요합니다. 그러니 우주에서 우리의 미래가 어떤 모습이었으면 하는지를 잘 생각해 보세요.

또, 다른 행성으로 이주한다고 해서 인류가 마주한 많은 문제가 해결되지는 않는다는 것을 기억하세요. 가까운 미래에는 이곳 지구에 있는 우리의 문제를 해결하는 것이 훨씬 중요해요. 예를 들어, 우리가 만약 화성을 테라포밍할 기술을 발전시킨다면, 그 기술은 제일 먼저 지구의 기후 문제를 해결하는 데 사용해야 합니다. 시카고에 있는 애들러 천문관의 천문학자인 루시안 왈코빅즈는 "지구는 고향입니다. 가장 좋은 우리의 거점이에요."라고 말합니다. 우리는 지구가 살기 좋은 곳이라는 것을 알고 있어요. 우리가 지구도 돌보지 못한다면, 어떻게 우리가 외계 세상을 지속 가능한 집으로 바꿀 거라 기대할 수 있겠어요?

"지구는 고향입니다. 가장 좋은 우리의 거점이에요."

우리가 어디에 살든, 어떻게 친절과 존중을 가지고 환경과 인간을 돌볼 것인지 생각할 필요가 있어요. 왈코빅즈는 우주에서 우리 미래는 단지 우리가 어떤 주거지를 건설하는지, 또는 어떤 종류의 우주선이 필요한지가 전부가 아니라는 점에 주목합니다. 중요한 것은 '우리는 어떻게 함께 살아가길 원하나요? 어떻게 하면 모두가 잘 살아가는 방법으로 생활할 수 있을까요?'와 같은 질문이에요. 우리가 지구에 계속 남아있든, 아니면 우리 은하계 먼 곳과 그 너머로 여행을 떠나든 우리는 그 질문에 대답해야 할 것입니다.

4. 무한하고 깨끗한 에너지

당신은 학교에서 집으로 돌아와 음악을 틀어요.

스피커 안으로 전기가 흐릅니다.

그 전기는 아주 특별한 것에 보관되어 발전소에서 이동하는데요,

그 특별한 것은 바로 갇힌 별이에요.

그 별은 밤하늘에 있는 태양이나 다른 별들과 같은 방식으로 빛나지만, 한 공간에 들어갑니다. 엔지니어들은 지구에서 별의 에너지를 활용하고 아주 작은 별을 만들어 내는 방법을 알아냈어요. 이제 세계의 모든 도시는 자기만의 갇힌 별을 가지고 있답니다. 이 별들은 현재와 미래에 인간 사회를 돌아가게 할 충분한 전기를 공급해요.

이 넉넉한 에너지원 덕분에 화석 연료는 까마득한 추억이 되었지요. 사람은 전기를 만들기 위해서 더 이상 기름이나 가스, 석탄을 태우지 않아요. 자동차나 다른 탈 것도 가스에 의존하지 않아요. 전기 엔진으로 바뀌었거든요. 집과 회사는 전기 난방을 사용합니다. 갇힌 별은 환경을 오염시키지도, 해로운 가스를 내뿜지도 않아요. 그래서 세계의 기후는 안정을 찾아가고 있습니다. 당신은 해수면 상승과 걷잡을 수 없는 산불, 갑작스러운 홍수나 가뭄, 기근을 일으키는 기후 변화에 대해 더 이상 걱정하지 않아도 되지요. 세계에서 가장 번화한 도시에도 스모그는 더 이상 내려오지 않아요. 갇힌 별들은 값싸고, 깨끗하고, 안전하고, 사실상 무한대의 에너지를 만듭니다. 어떻게 그럴 수 있냐고요? 그 비결은 핵융합 에너지에 있습니다.

태양이 빛나는 이유

핵융합은 두 개의 원자가 충돌했다가 더 큰 원자로 다시 합쳐질 때 일어납니다. 이 과정에서 많은 에너지가 나오지요. 하지만 원자는 합치는 것을 좋아하지 않아요. 원자는 가까워질수록 서로를 더욱 밀어내지요. 원자를 억지로 합치기 위해서는 엄청나게 높은 온도와 압력이 필요합니다. 아주 뜨겁고 밀도가 높은 태양 안쪽과 다른 별들은 원자를 합치기에 이상적인 조건이에요. 원자는 이곳에서 우리의 은하계를 이루고 있는 물질을 만들기 위해 융합합니다.

이러한 핵반응에서 나온 에너지가 별들을 빛나게 해요. 태양을 포함한 모든 별이 거대한 핵융합 발전소입니다.

현재 지구에 있는 핵발전소는 원자를 쪼개는 핵반응인 핵분열을 이용해요. 핵분열과 융합 반응 모두 아주 적은 양의 연료로 엄청난 양의 에너지를 냅니다. 더욱 중요한 것은, 이 반응에서는 기후 변화를 더 심하게 하는 가스가 전혀 나오지 않는다는 거예요.

핵융합은 위험한 폐기물을 만들지 않아요.

안타깝게도, 핵분열 발전소에서 나오는 폐기물은 위험한 방사능입니다. 사고나 재해로 이 위험한 물질이 주변으로 방출될지도 몰라요. 핵융합은 안전하고, 위험한 폐기물을 만들지 않지요. 핵융합 반응을 작동시킬 연료는 바닷물에서 만들 수 있습니다. 버지니아의 윌리엄 & 메리대학의 핵융합 학자인 사스키아 모르디크는 이렇게 표현합니다. "핵융합 에너지로 작동하는 세상에서 살고 싶지 않은 사람이 설마 있을까요?"

별 길들이기

우리에게 핵융합 발전소가 없는 것은 슬픈 일이에요. 그렇지만 우리는 여기 지구에서 별을 만드는 방법을 이미 알고 있어요. 과학자들은 1932년에 처음으로 실험실에서 원자를 융합했어요. 그리고 2020년에는 12살인 잭슨 오스왈트가 최연소로 핵융합에 성공했답니다.

오스왈트는 퓨저(fusor, 핵융합로라는 의미이기도 하다)라는 장비를 만들었어요. 들리는 것만큼이나 보기에도 멋진데요, 유리로 된 작은 상자 안에서 원자가 융합하면 보라색 구슬이 빛나면서 불꽃이 일어난답니다.

그렇지만 우리는 여기 지구에서 별을 만드는 방법을 이미 알고 있어요.

별을 만들 수 있다는 건 정말이지 굉장한 일이에요. 그렇지만 별들을 빛나게 하려면 아주 많은 에너지가 필요해요. 지금까지 만든 핵융합로와 핵융합 반응기는 만들어 내는 에너지보다 써 버리는 에너지가 더 많기 때문에 발전소로는 쓸모가 없답니다. 쓰는 것보다 훨씬 많은 에너지를 만들어 내는 핵융합 장비가 딱 하나 있는데, 우리는 이미 그걸 어떻게 만드는지 알고 있어요. 그 장비는 인간이 만들 수 있는 가장 파괴적인 무기로, 바로 수소 폭탄입니다. 폭탄이 터질 때, 핵분열 폭발이 핵융합을 일으킵니다. 이 반응이 엄청난 에너지를 만들어 내지요. 그렇지만 수소 폭탄은 모든 방향으로 주변 16킬로미터 안에 있는 것들을 다 파괴합니다. 그리고 해로운 방사선으로 환경을 오염시키지요. 확실히 수소 폭탄을 쓰는 건 정답이 아니에요.

따라서 오늘날 핵융합 과학자들이 부딪친 커다란 어려움은 어떻게 별을 만드느냐가 아니라, 어떻게 별을 길들이느냐 예요. 우리는 쓸모 있고 안전한 에너지를 얻기 위해서라도 갇힌 별을 어떻게 계속 빛나게 할 것인지 알아내야만 합니다.

뜨겁고 밀도가 높은

원자를 융합하려면, 그들을 강제로 모으고 열을 올려줘야 합니다. 원자가 더 뜨거울수록, 더 가까울수록, 그렇게 오랜 시간을 보낼수록 핵융합 반응은 더 많아지거든요. 당신이 충분한 핵융합 반응을 만들 수 있다면, 그 반응은 점점 더 많은 융합을 일으킬 거예요. 이 과정을 점화라고 해요. 그리고 이 과정은 핵융합에서 당신이 집어넣은 에너지보다 더 많은 에너지를 얻기 위해서 꼭 필요합니다. 마치 캠프파이어에 불을 붙이는 것과 같아요. 당신이 불꽃을 일으키고 나면, 땔감을 더해 주는 한 불은 계속해서 스스로 타오릅니다.

그렇다면, 핵융합의 연료는 무엇일까요? 바로 수소인데요, 수소는 가장 가볍고 단순하며 우주에서 제일 풍부한 원소입니다. 엔지니어들은 바닷물에서 찾아낸 수소로 핵융합 연료를 손쉽게 만들 수 있답니다. 일단 연료를 얻었으면 당신은 그것을 뜨겁게 해야 합니다. 엔지니어들이 이루고 싶어 하는 핵융합 반응이 스스로 계속 진행되려면 대략 섭씨 1억 3,000만 도가 되어야 해요. 이건 태양의 중심부보다 10배나 더 뜨거운 온도랍니다. 이런! 이 온도에서라면 연료는 플라스마가 되어 버려요. 플라스마는 고체와 액체와 기체를 뛰어넘는 물질의 상태예요. 뜨거운 플라스마는 필사적으로 흩어져 나오려고 하겠지만, 그 원자는 핵융합을 위해서 함께 부딪쳐야 하지요. 그래서 당신은 그 원자를 어떤 공간 안에 계속 가두어 놓아야 해요. 하지만 무엇으로요? 이렇게 뜨거운 덩어리는 유리와 금속, 다른 어떤 상자라도 증발시킬 겁니다. 이런 어려움에도 불구하고 과학자들은 별들을 길들이는 몇 가지 창의적인 기술을 생각해 냈어요.

이렇게 뜨거운 덩어리는 유리나 금속을 증발시켜요.

보이지 않는 힘의 영역에서 거대 레이저까지

많은 핵융합 연구자는 자기 밀폐(magnetic confinement)라고 하는 접근법을 이용합니다. 그들은 플라스마를 제어하고 억제하기 위해서 강력한 자석을 사용해요. 플라스마는 전하를 띤 입자로 이루어졌으며 자석은 자신의 주변에 보이지 않는 영역을 만들어 이 입자의 움직임을 바꿉니다. 이 말은 당신이 딱 적당한 모양으로 자기장을 구부릴 수 있다면, 플라스마가 산산이 흩어지지 않고 계속해서 주변에서 소용돌이치게끔 속임수를 쓸 수 있다는 뜻이에요. 자기장은 보이지 않는 힘의 영역 또는 가둠 장치를 만들어요. 도넛 모양의 자기장 가둠 장치를 토카막(tokamak)이라고 부릅니다. 뒤틀린 도넛같이 생긴 또 다른 기계는 스텔라레이터(stellarator)라고 해요. 두 가둠 장치 모두, 완벽하지는 않아요. 플라스마는 뜨거워질수록 도망가려는 성질도 강해져요. 따라서 플라스마 조각이 탈출하는 것은 핵반응이 적다는 뜻이지요. 일반적인 실험에서 플라스마는 고작 몇 초에서 몇 분 동안 지속될 뿐이고, 점화가 일어날 만큼의 충분히 높은 열과 밀도, 시간의 조합을 다룬 사람은 아직 아무도 없습니다. 하지만 전문가들은 곧 성공할 거라고 말해요. 모르딕은 "저는 우리가 할 수 있다는 걸 알아요."라고 말하네요.

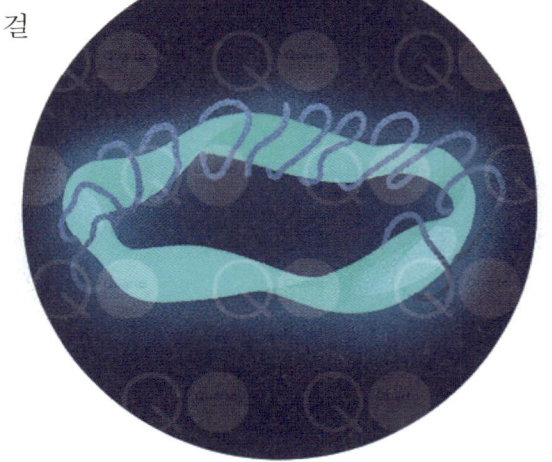

캘리포니아의 '로렌스 리버보어 국립연구소'의 물리학자인 태미 마는 레이저 융합이라고 하는 색다른 접근법을 연구하고 있습니다. 그녀는 축구장 세 개가 들어갈 수 있을 만큼 아주 큰 건물인 국립 점화 시설에서 세계 최대 크기의 레이저를 발사하게 되었어요. 이 시설에서 핵융합 실험을 할 때, 192개의 레이저 빔이 쌀알 정도 크기의 아주 작은 알갱이로 모두 다른 방향에서 발사되었어요. 이 알갱이는 핵융합 연료를 담고 있습니다. 레이저가 알갱이의 바깥층을 터뜨려 중앙 부분이 폭발하게 만듭니다. 태미 마는 국립 점화 시설에서 레이저를 쏠 때마다 "우리는 태양계에서 가장 뜨거운 곳에 있는 거예요. 우리는 정말로 별을 만들고 있네요."라고 말합니다.

'우리는 정말로 별을 만들고 있다고요.'

폭발하는 연료가 점화될 수 있을 만큼 충분히 뜨겁고 밀도가 높아지면 이상적입니다. 이 일은 아직 일어나지 않았지만, 전 세계 연구팀은 이에 조금씩 가까워지고 있어요. 앞으로 10년 안에 연구팀이 모든 일을 해내고 점화를 이룰 것이라고, 태미 마는 믿고 있습니다. 그녀는 "점화에 성공하는 건 크게 축하할 일이 될 거예요. 마치 처음 달에 착륙한 것과 같을 것으로 생각합니다."라고 말합니다.

	ITER이라고 불리는 프랑스의 거대한 새 토카막(제어열 핵융합 반응 장치의 일종)이 핵융합 에너지로 미래로 가는 길을 안내할 거예요. 이 엄청난 기계를 만드는 데에 35개국이 함께 일하고 있습니다. 모의실험에 따르면 이 토카막은 쓰는 에너지보다 10배 많은 에너지를 만들어 내야 한다고 해요. 한편, 전 세계의 다른 연구팀은 더 작은 기계를 연구하고 있습니다. 그 일부에는 레이저 핵융합과 자기 핵융합의 요소가 결합되어 있답니다.

기후 변화 해결하기

빙하가 녹아내리고 해수면 역시 상승하고 있어요.

	핵융합 과학자와 엔지니어들이 에너지를 만들 방법을 찾는다는 것은 거의 확실하지만, 그들은 다양하고 수많은 아이디어를 테스트하는 데 여전히 시간과 돈을 많이 써야 해요. 미국의 핵융합 과학자들은 2040년까지 작동할 핵융합 발전소를 지을 계획이에요.

	핵융합은 머지않아 옵니다. 그렇지만 안타깝게도 충분히 빨리 오지는 않아요. 기후 변화는 이미 시작되었고요. 빙하가 녹아내리고 해수면도 상승하고 있어요. 산불이나 허리케인 같은 자연재해도 더욱 잦아지고 예전보다 피해도 커졌지요. 국제연합(UN)의 기후 변화에 관한 정부 간 협의체는 세계가 하루빨리 커다란 영향력을 지닌 변화를 만들어야 한다고 했습니다. 그레타 툰베리를 비롯한 젊은 활동가들은 우리가 가진 위기의식을 높이고 있어요. 어쩌면 당신은 학교에서 기후 파업(기후 변화의 대책을 마련해달라는 의미에서 학교나 회사에 가지 않는 캠페인)에 참여해 봤을 수도 있겠네요.

	기후 변화는 공기 안의 이산화탄소(CO_2)와 다른 온실 가스가 햇빛을 가두어서 지구를 데우기 때문에 일어나고 있어요. 이 온실가스의 양은 늘어나고 있는데, 그 이유는 석탄과 기름, 천연가스를 태우는 모든 기계가 그 가스를 내뿜고 있기 때문이에요. 기후 변화를 늦추는 가장 간단한 방법은 화석 연료의 사용을 중지하는 거예요. 그렇지만 기계와 기술을 사용하는 것을 당장 멈출 수는 없으니, 에너지원을 다른 것으로 바꿔야만 합니다. 기후 변화에 관한 정부 간 협의체에 따르면, 우리는 2025년까지 온실가스 배출량을 0으로 만들어야 합니다. 이 말은 CO_2를 배출하는 만큼 그것을 흡수하고 가둬야 한다는 뜻이에요. 우리는 이 목표를 이루기 위한 행동이 시작되기까지 5년이나 10년, 20년이라는 시간 동안 기다릴 수는 없어요. 지금 당장 대체 에너지원을 찾아야 합니다. 뉴저지에 있는 프린스턴 플라스마 물리 연구소의 아르투로 도밍게즈는 "이것은 시간과의 싸움입니다."라고 말합니다.

우리는 지금 당장 대체 에너지원을 찾아야 합니다.

우리에게는 이미 많은 선택지가 있어요. 가스로 움직이는 엔진을 배터리로 작동하는 전기 엔진으로 바꿀 수 있지요. 태양 전지판으로 태양에서 전기를 얻거나, 터빈으로 바람에서 전기를 얻을 수 있습니다. 수력 발전 댐으로 빠르게 흐르는 물의 움직임을 이용하거나 지열 발전소로 지구 깊은 곳의 열을 이용할 수 있어요.

태양이나 바람, 물, 땅에서 전기를 만들면 해로운 기체는 거의 나오지 않아요. 그렇지만 이들에겐 단점이 있습니다. 예를 들면, 태양 전지판과 배터리는 희귀한 금속으로 만드는데, 이 금속은 환경을 오염시킬 수 있고 고갈될 수도 있어요. 또한 밤에는 햇빛이 없고, 바람은 항상 불지 않지만 사람은 항상 전기를 사용해요. 우리는 이러한 에너지원에서 나온 전기를 저장하는 더 나은 배터리가 필요하고, 다양한 전기 에너지원을 다룰 수 있도록 더 스마트한 전력망이 필요합니다. 마찬가지로 빠르게 흐르는 물이나 지열 에너지가 있는 장소는 항상 접근하기 쉬운 것은 아니에요. 그렇지만 사람은 어디서나 전기가 필요하지요.

> 태양이나 바람, 물, 땅에서 전기를 만들면 해로운 기체는 거의 나오지 않아요.

핵분열 발전소는 언제, 어디서나 전기를 만들 수 있습니다. 하지만 우리는 이미 이 에너지원의 몇 가지 위험에 대해서 이야기했었지요. 다행히도 엔지니어들은 예전의 발전소보다는 훨씬 안전한 새로운 핵분열 발전소를 짓는 중입니다. 이 새로운 발전소는 폐기물을 연료처럼 재사용할 수 있고 재난 시에 안전하게 폐쇄할 수 있습니다.

모두의 에너지

세상을 새로운 에너지원으로 바꾸는 것은 쉽지 않을 거예요. 사람과 정부는 새로운 교통수단, 새로운 난방 시스템, 새로운 발전소, 더욱 스마트한 전력망 등에 돈을 쓰게 될 것입니다. 이런 변화는 비싸고 시간도 오래 걸려요. 완벽한 해결책을 제시하는 대체 에너지원은 없습니다. 핵융합은 완벽해 보일지 몰라도, 분명 우리가 아직 알지 못하는 결점이 있을 거예요.

우리는 반드시 세계 전체가 에너지를 갖도록 만들어야 합니다.

또한 우리는 반드시 세계 전체가 에너지를 이용하도록 해야 합니다. 지금은 세계에서 제일 부유한 나라가 에너지를 가장 많이 씁니다. 그 나라들이 기후 변화를 일으키는 동시에 계속해서 악화시키고 있어요. 이들은 점점 더 나빠지는 날씨와 다른 재해를 견딜 자원도 가지고 있습니다. 한편 개발 도상국과 가난한 지역 사회는 기후 변화를 일으키지 않았어요. 이러한 지역 사회에서는 가족이 밤에 집안의 불을 밝힐 수 없거나 TV나 휴대 전화, 컴퓨터를 사용할 수가 없는 경우가 많습니다. 그들은 지금, 도움이 될 만한 충분한 자원이 없는 채로 기후 변화의 파괴적인 충격에 부딪히고 있어요.

새로운 에너지 기술을 개발하고 있는 동안, 가난한 나라가 살아남고 번영하려면 화석 연료가 필요할 거예요. 부유한 사람과 나라는 책임감을 가져야 하고 에너지 습관을 바꿔야 합니다. 케냐 나이로비의 마와조 연구소의 공동 설립자이며 성장 에너지 허브의 연구 책임자인 로즈 무티소는 "부유한 국가는 자신들이 엉망진창으로 만들고 떠넘긴 것을 가난한 나라가 처리할 수 있도록 돕는 일도 마땅히 해야 한다."라고 말합니다.

전 세계가 힘을 합쳐 변화를 향해 가도록 노력해야 합니다.

로즈 무티소는 새로운 기술이 세계의 에너지 문제를 해결할 수 있다는 것에 낙관적이에요. 어쩌면 이상적인 에너지 기술은 아직 아무도 상상하지 못한 것일지도 모르지요. 그녀는 "우리에겐 많은 기적이 필요하지만, 인류의 역사는 어려운 도전을 마주하는 우리의 창의력에 대한 사례로 가득해요."라고 말합니다.

그렇지만 단순히 새로운 에너지 기술을 발명한다고 해서 미래가 바뀌지는 않을 거예요. 그녀는 전 세계가 힘을 합쳐 변화를 향해 가도록 노력해야 한다고 말합니다. 대통령, 법을 만드는 사람, 지역사회의 대표, CEO, 평범한 사람조차 힘을 모아야 해요. 그렇게 해야만 우리는 모든 가족이 필요한 만큼의 에너지를 다 가지게 될 뿐만 아니라 집이라고 부를 안전하고 건강한 행성이 있는 미래에 가닿을 수 있을 거예요.

5. 모두의 식량

당신은 배가 고파요.
그래서 어슬렁거리며 부엌으로 들어가는군요.
냉장고만 한 제조기가 화면을 반짝이며 당신을 맞아줍니다.
당신은 화면을 터치해서 햄버거를 선택해요.

제조기가 '위잉'거리고 쌩쌩 돌아가는 소리를 내며 작동하네요. 잠시 기다리고 나니 접시 하나가 나타났어요. 그리고 김이 모락모락 나는 뜨거운 햄버거와 갓 구운 롤이 튀어 나옵니다. 당신은 화면을 접촉하여 케첩과 피클을 추가해요. 식사를 마치고는 컵에 담긴 주스가 보이는 아이콘을 터치합니다. '지익', 지글거리는 소리가 나고 컵이 나와요. 갓 짜낸 오렌지주스가 컵을 가득 채웁니다.

그런데 기계 안에 햄버거나 오렌지가 들어 있는 것이 아니에요. 기계에 사용한 것은 공기와 물, 흙, 모래, 쓰레기 등 값싸고 구하기 쉬운 원료들이에요. 기계는 그것을 모두 부수어 원자와 분자로 나눕니다. 그다음, 쪼갠 것들을 설계도에 따라 모든 종류의 음식, 음료, 재료, 물건으로 다시 배치하는 거예요.

기계는 그 원료를 모두 부수어 원자와 분자로 나눕니다.

이 기계는 지구 구석구석으로 퍼져 나갔지요.

게다가 제조 기계는 로봇, 컴퓨터, 혹은 자신의 복제품을 만들기 위한 부품까지도 만들 수 있어요. 이 기계는 지구 구석구석으로 퍼져 나갔지요. 기계가 세상을 바꾸었습니다. 공장, 농장, 슈퍼마켓, 쇼핑센터는 이제 없어요. 그게 필요한 사람이 아무도 없기 때문이지요. 물건을 주문하는 사람이 더는 없으니 도로와 하늘, 바다는 더욱 한가해졌어요. 기계가 가져다 쓰는 원료는 무료고 어디서나 구할 수 있기 때문에, 이 기계가 있는 모든 사람은 음식과 옷, 도구, 약, 로봇, 컴퓨터 등 어떤 물건이라도 필요하거나 원하는 것을 손쉽게 바로 이용할 수 있어요.

원자 움직이기

이러한 제조 기계가 과연 있을 수 있을까요? 우리가 방금 상상한 이미지 중 하나는 원자와 분자를 어떤 배열로든지 움직이는 것이었어요. 모든 과학 분야를 한데 모은 나노 기술은 이렇게 아주 작은 단위로 어떻게 이 세상을 다루는지를 연구해요. 연구자들은 주사형 터널 현미경(STM)이라고 불리는 장비를 사용해 단 한 개의 원자를 탐지하거나 심지어 움직일 수도 있어요. 이 현미경을 발명한 사람은 1986년에 노벨상을 받았지요.

단, 이 현미경은 매우 커다랗고 한 번에 원자 한 개씩만을 움직일 수 있어요. 소금 알갱이 한 개만 한 크기의 덩어리 물질을 만드는 데는 적어도 1조 개의 원자가 필요한데 말입니다. 큰 물체를 작업하기에는 너무 느리고 지루한 과정이에요.

무리를 이룬 아주 작은(눈에 보이지 않을 만큼 작은) 기계가 원자와 분자를 어떤 방식으로든 옮기는 게 가능할까요? 몇몇 유명한 물리학자들은 이 아이디어를 고민해 왔어요. 그렇지만 그런 기계를 한 개라도 만들려면 어떻게 해야 하는지 아는 사람은 아무도 없었지요. 아주 작은 단위에서는 세상이 다르게 작동해요. 중력처럼 큰 물체에 영향을 주는 힘은 더 이상 중요하지 않게 돼요. 물체를 서로 끌어당기는 힘이 더욱 중요하지요. 나노 단위의 세상에서는 물이 꿀처럼 걸쭉해 보인다고 지모네 슐레는 말합니다. 나노 크기의 물건 역시 꿀처럼 끈적거릴 수 있어요. 만약 나노 크기의 기계가 도구를 놓아도 그 도구는 떨어지지 않을 거예요. 꼼짝없이 달라붙어 있을 것입니다. 따라서 당신은 물질을 이리저리 옮기고 크기를 줄이는 커다란 로봇은 쓸 수가 없어요. 평범하지 않은 나노 단위의 세상에 맞는 로봇을 만들어야만 하지요. 지모네 슐레는 취리히연방공과대학교에서 의학적인 목적으로 나노 기술을 개발합니다. 그녀는 종양에 직접적으로 약을 운반하는 것을 비롯해 놀라운 일을 하는 나노 기계를 만들어왔어요. 하지만 나노 기계가 원자로 한 끼 식사를 몽땅 만들어 낼 수 있다는 아이디어는 '아직 미래적인 상상인 듯하다'고 지모네 슐레는 말합니다.

모든 생명체가 한때는 한 개의 세포였어요.

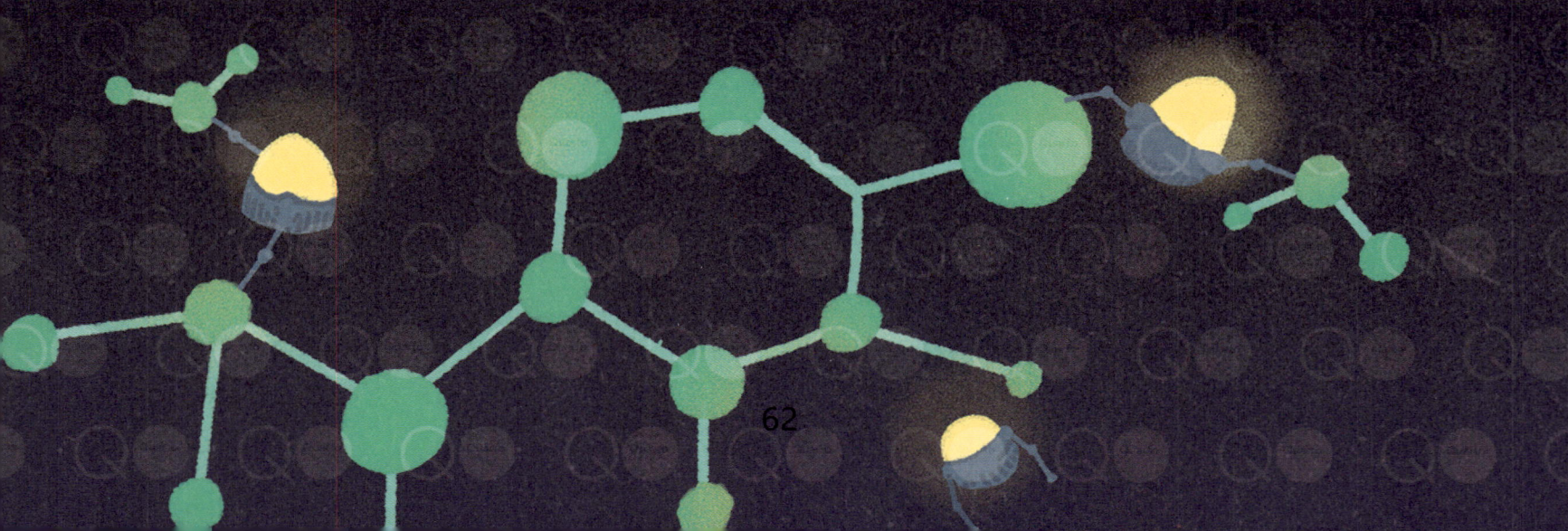

세포와 박테리아, 곰팡이 같은 아주 작은 생명체는 이미 나노 세계에 들어와 살고 있답니다. 그들은 여기저기 다니면서 규칙적으로 공격과 방어, 성장에 사용할 분자 사슬을 만들지요. 흰수염고래나 거대한 참나무라도, 모든 생명체가 한때는 한 개의 세포였어요. 낱개의 원자에서 물건 전체를 만들어 내는 작은 로봇의 무리나 기계는 결코 만들 수 없을지도 몰라요. 그렇지만 미생물이나 세포를 사용해서 물체를 만들어 내는 것은 완전히 다른 이야기예요. 이 분야를 연구하는 합성 생물학의 연구자들은 이미 약물, 연료, 화학 물질 등 사람에게 필요한 다른 많은 것을 생산하는 미생물과 배양된 세포 집단을 설계했습니다.

"테이블이 필요하면, 그걸 배양하기만 하면 돼요."

예를 들면 연구자들은 수많은 천의 주재료가 되는 목화의 폭신한 부분만 자라게 하는 방법을 찾았어요. 다른 연구자들은 햇빛과 이산화탄소를 먹고 살면서 연료로 사용할 수 있는 가스를 만드는 조류를 길러왔답니다. 세포나 미생물은 보통 바이오리액터(생물반응기)라고 하는 스테인리스 통 안에서 자랍니다. 그 통이 편안한 환경을 만들어 주고 넉넉한 먹이를 주는 한, 그 안에 있는 작은 주민은 유용한 물질을 만들어 내면서 살아있는 공장처럼 작동할 거예요. 가능성은 무궁무진합니다. 매사추세츠공과대학(MIT)의 엔지니어로 바이오리액터에서 목재를 기르는 방법을 연구 중인 루이스 페르난도 벨라스케스 가르시아는 "테이블이 필요하면, 그걸 배양하기만 하면 돼요."라고 말합니다. 그는 나무를 베어 버리는 대신, 배양한 것을 판자 모양으로 잘라내고 그 판자를 고정해 주면 된다고 해요. 그리고 언젠가는 식물 세포를 원하는 어떤 모양으로든 배양할 수 있을 거라고 합니다.

고기로 위장한 식물

합성 생물학은 우리가 고기를 어떻게 생산하는지를 다시 상상하게끔 돕기도 해요. 당신은 지금 당장 대형 마트에 걸어 들어가 임파서블버거(임파서블푸드 기업에서 개발한 햄버거. 식물성 단백질 성분을 원료로 대체 고기를 만든다) 한 봉지를 살 수 있습니다. 이 버거는 전부 식물 성분으로 만들어졌지만 맛은 실제 고기와 아주 비슷해요. 어떻게 이게 가능할까요? 모든 음식은 물, 단백질, 지방, 탄수화물의 조합입니다. 고기가 정확히 어떤 성분으로 만들어졌는지 이해한다면, 당신은 식물에서도 같은 재료를 찾을 수 있지요. 그런 다음 당신은 고기의 질감, 맛, 향, 심지어 익혔을 때 색깔이 변하는 방식까지도 복제할 수 있습니다.

고기에 들어 있는 주요 성분은 단백질입니다. 임파서블버거는 콩과 감자에서 가져온 단백질 가루를 사용해요. 식품 과학자들은 그 가루를 압출기로 보냅니다. 압출기는 단백질을 데우고 비틀어 짜내고 쪄서 더욱 고기 같은 질감을 만들어 주는 튜브랍니다. 그다음에는 단백질을 자르고 말립니다. M. J. 키니는 "마지막에 여러분이 얻게 되는 것은 마치 빵 부스러기나 만두소와 아주 비슷해 보입니다."라고 말하는군요.

그녀는 식품 과학자이자 식물을 바탕으로 고기를 생산하는 것을 개발한 회사인 페어사이언스의 설립자예요. 고기에는 지방도 들어 있는데, 지방은 기름과 같은 말이지요. 임파서블버거는 코코넛 오일과 해바라기씨유를 사용해요.

지금까지는 순조롭군요. 하지만 이 식물성 단백질과 기름은 진짜 고기 같은 맛이 나지 않아요. 동물성 고기의 맛은 대부분 피에서 발견된 분자에서 옵니다. 그 분자는 헤모글로빈으로, 산소를 운반하고 피에 붉은색을 주는 철분이 풍부한 단백질이에요. 헤모글로빈 분자의 특정 부분을 햄이라고 부르는데요, 여기에 철분과 고기 맛 대부분이 들어 있습니다. 아주 많지는 않지만, 콩의 뿌리에도 햄이 들어 있어요. 그래서 연구자들은 햄을 만드는 콩의 유전자를 가져다가 효모의 DNA에 삽입했습니다. (이것을 유전 공학이라고 불러요. 7장에서 모두 배우게 될 거예요.) 이 효모가 바이오리액터 안에서 무럭무럭 자라나면서 햄을 꽤 많이 만들지요. 식품 과학자들은 바싹 말린 식물성 단백질과 오일, 햄에다 물과 양념, 이 모든 것을 잘 달라붙게 해 주는 바인더(접착제)라는 재료를 넣고 잘 섞어 줍니다. 그것을 패티 모양으로 버무리면 버거를 만들어 먹을 준비가 된 거예요. 다른 회사는 그 밖의 고기를 모방하는 데에 효과가 있는 공식을 알아냈어요. 당신은 식물성 치킨너깃, 소시지, 심지어는 참치도 발견할 수 있답니다.

마술 지팡이

합성 생물학 덕분에 우리는 식물을 고기와 아주 비슷한 맛이 나는 무언가로 바꿀 수 있습니다. 우리는 식물 세포로 테이블 또는 집을 아예 통째로 배양할 수도 있고 연료와 약을 만들기 위해 미생물을 사용하기도 합니다. 이런 기술은 너무 멋지지만, 기르는 것은 만드는 것과 같지 않지요. 이 장의 시작 부분에 나온 미래의 제조 기계는 여기에 비하면 동화에서의 마술 지팡이 같을 거예요. 드레스와 유리 구두를 원하면… 펑! 무도회에 갈 준비가 끝났네요.

로봇 팔이 달린 커다란 3D 프린터는 집과 건물, 교량을 정교하게 만들었습니다.

3D 프린터는 마술 지팡이와 좀 비슷해요. 미래에는, 당신이 유리 구두(또는 보통의 신발)가 필요해도 아마 가게에 가거나 온라인 주문이 도착하길 기다릴 필요가 없을 거예요. 당신은 발을 스캔하고, 원하는 색깔과 무늬를 고르고, 새것을 한 켤레 인쇄하기만 하면 되지요.

그 신발은 당신에게 완벽하게 맞을 거예요. 비록 오늘날의 3D 프린터는 무에서 유를 창조할 수 없긴 하지만요. 지금의 프린터는 물질을 새로운 형태로 고쳐줄 뿐입니다.

노즐을 통해 녹인 플라스틱을 표면에 한 겹씩 쏘아서 물체의 바닥부터 꼭대기까지 차곡차곡 만드는 것이 가장 흔한 종류랍니다. 이 플라스틱은 식으면 단단해집니다. 푸드 프린터는 쿠키 반죽, 초콜릿이나 아이싱을 아주 멋진 모양으로 짜냅니다. 다른 3D 프린터는 금속 분진을 한데 모아 붙이거나 액체를 담는 탱크 안에 고체로 된 물체를 만들기 위해서 레이저를 사용해요. 로봇 팔이 달린 커다란 3D 프린터는 콘크리트와 비슷한 재료로 집과 건물, 교량을 정교하게 만듭니다.

가까운 미래에는, 3D 프린터를 갖고 있는 것이 전자레인지만큼이나 흔해질 거예요. 사람들은 칫솔이나 헤드폰, 옷 같은 물건을 인쇄하려고 프린터를 매일 사용하겠지요. 아니면 밀가루, 설탕, 단백질, 기름 등을 카트리지로 사서 식사를 인쇄하는 데 사용할 수도 있어요.

심지어 먼 미래에는 모양을 바꾸는 물질이 생길 수도 있습니다. 엔지니어들이 만들어 낸 아주 작은 물질 덩어리인 복셀(voxel)은 레고 블록처럼 필요에 따라 모양을 바꿀 수도 있어요. 당신이 침대에서 자고 일어나면, 침대에게 의자와 테이블이 되어 달라고 할 수 있습니다. 밖에 나갈 때는 두꺼워져 스웨터가 되는 티셔츠를 입을 수도 있지요. 심지어 당신은 숟가락이나 망치, 가위, 당신에게 필요한 어떤 도구든지 될 수 있는 작은 방울을 가지고 다닐 수도 있습니다.

인쇄된 고기와 곤충 버거

또한 미래의 사람들은 신체 부위를 새로 인쇄할 수 있을 거예요. 생체 인쇄기는 이미 살아 있는 세포를 피부 조각이나 다른 조직으로 바꿔주지요(6장을 참고하세요). 이러한 것이 가능하다면, 고기를 인쇄하는 것 또한 가능합니다. 미래의 고기 공장에서는 햄버거를 프린트할 충분한 세포를 얻기 위해서 바이오리액터에 세포를 배양할 거예요. 2013년, 네덜란드의 마스트리히트대학교의 연구자들은 한니 뤳츨러를 비롯한 음식 비평가 그룹에게 세계 최초로 세포를 바탕으로 한 햄버거를 내놓았답니다. "고기와 아주 비슷하지만 고기처럼 육즙이 있지는 않아요."라고 한니 뤳츨러는 말했습니다. 하지만 이 세계 최초 버거의 가장 큰 문제는 만드는 데 234,000파운드가 든다는 점이에요! 그때 이후로 비용은 꽤 많이 내려갔지만, 돈이 많이 든다는 것은 여전히 큰 문제입니다.

우리는 왜 고기 먹는 방법을 바꿔야만 하는 걸까요? 고기를 위해서 농장에서 가축을 키우는 데는 같은 양의 과일과 채소를 기르는 것보다 더 큰 땅과 많은 물이 듭니다. 농장의 가축은 기후 변화에 화석 연료 다음으로 두 번째로 큰 영향을 주고 있어요. 게다가 농장 주인은 가축을 기르기 위해 수많은 항생제를 사용하고, 그 결과 몇 가지 질병을 일으키는 미생물이 이러한 약물에 저항력을 갖게 되었습니다.

마지막 이유로는, 우리가 먹기 위해서 살아있는 생명체를 죽이지 않으니 좋아요. 식물에서 고기를 만들거나 바이오리액터에서 고기를 키우는 것은 이러한 문제를 해결하는 데 도움이 됩니다. 하지만 고기를 키우는 공장에서는 여전히 전기를 쓰고 환경 오염을 일으킬 거예요. 곤충 버거를 먹는 것이 더 좋은 생각일 수도 있습니다.

귀뚜라미, 밀웜, 개미, 그 밖의 벌레는 단백질과 영양소로 가득 차 있어요. 전 세계의 많은 문화권에서 이미 곤충을 먹고 있고, 농부들은 아주 작은 땅과 자원을 가지고 그 곤충을 많이 기르는 방법을 알고 있습니다. 아직 곤충을 먹기 싫은 사람도 '역겨운' 요소를 이겨 내고 곤충을 먹는다는 발상에 익숙해져야 할지도 몰라요.

무엇이든 만들어 내는 능력

무엇이든 만들 수 있는 기계라니 듣기만 해도 놀랍지요. 아쉽게도, 사람이 만드는 것 모두가 쓸모 있거나 안전하지는 않을 거예요. 사람들은 이미 3D 프린터로 어떻게 총을 만드는지 알아냈습니다. 만약 누군가가 로봇 부품만을 생각하고 독성이 있는 플라스틱으로 접시와 컵을 프린트한다면 어떻게 될까요? 그 플라스틱 식기는 사람을 매우 아프게 할 수 있어요. 십 대들이 깨지거나 불이 붙는 스케이트를 디자인하고 인쇄한다면 어떨까요? 3D 프린터는 나쁜 아이디어를 실현하기 쉽게 해 줍니다. 좋은 아이디어와 마찬가지로요.

긍정적인 면도 있어요. 3D 프린트는 몇 가지 큰 문제를 해결하는 데 도움을 줄 수 있습니다. 지금도 비행기, 기차, 선박, 대형 트럭은 전 세계에서 물건과 제품, 부품을 광활한 네트워크를 이루며 실어 나르고 있어요. 이 교통수단은 모두 온실가스와 오염 물질을 만들어 내지요. 3D 프린터는 필요하다면 언제 어디서나 물건을 만들어 냅니다. 이것은 훌륭한 장점이지만, 품목당 공장의 생산 라인에서 사용하는 전기가 3D 프린터보다 훨씬 적게 듭니다. 그리고 대부분의 3D 프린터에 사용하는 플라스틱은 재사용하기가 쉽지 않아요. 가정용 3D 프린터가 저렴하고 대중적인 것이 되면, 우리는 그다지 필요하지 않은 수많은 물건을 잔뜩 인쇄할지도 모릅니다.

새로운 방법으로 플라스틱 쓰레기를 만드는 것은 지금 당장 전 세계에서 가장 하지 말아야 할 일입니다. 플라스틱 쓰레기는 이미 이 세상의 매립지와 바다를 질식시킬 지경이에요. 아주 작은 플라스틱 조각이 식량 시스템과 우리 몸에 들어와 아직 완전히 이해하지 못한 방법으로 건강을 해치고 있습니다.

주변 세상을 다시 만드는 일이 지구를 존중하는 방향으로 진행되도록 살펴야합니다.

3D 프린트가 환경 문제를 해결하는 데 진짜로 도움이 되려면, 우리는 에너지를 덜 사용하는 기계를 개발해야만 해요. 반드시 재활용 또는 재사용이 가능한 재료를 프린터에 줘야 하지요. 시애틀 워싱턴대학교의 기계 공학 엔지니어인 마크 간터는 "우리는 폐기물, 음식 부산물, 유리, 모래, 심지어 먼지로도 인쇄하는 방법을 찾을 필요가 있습니다."라고 말합니다. 미래 기술은 우리가 놀라운 방법으로 주변 세상을 다시 만들 수 있게 해 줄 거예요. 우리는 그 기술이 우리의 지구를 존중할 수 있도록 살펴야 하는 것이지요. 우리가 이미 만들어 놓은 난장판을 치우는 데도 도움이 되길 바라면서요.

6. 영원히 사는 것

당신은 생일 케이크의 촛불을 불어 끕니다.
가족과 친구들이 박수를 치며 환호해 주네요.
누군가가 이렇게 외칩니다. "300번째 생일을 축하해!"

당신이 케이크 조각을 나눠 주자 모두들 주위에 모이네요. 케이크를 먹어 치우고 있는 사람들은 대부분 당신만큼 늙었거나 더 나이가 많습니다. 하지만 모두들 20대나 30대 같아 보이지요. 파티가 끝난 며칠 후에 당신은 의사와 진료 예약이 있습니다. 다른 모든 어른처럼, 당신은 특별히 당신을 위해 만든 혈청 주사를 정기적으로 맞아요. 이 치료는 젊음의 샘과 같은 역할을 하지요. 그리고 몸이 끊임없이 스스로를 수리하고 다시 만들 수 있는 도구를 제공해 늙는 것을 막아 줘요. 당신은 300년 정도를 살았지만 당신 몸의 세포 하나하나는 훨씬 더 젊을 거예요.

이 혈청은 당신을 계속해서 젊고 활기차게 해 주지만 모든 것을 고칠 수는 없어요. 하지만 당신이 사고를 당해서 돌이킬 수 없을 정도로 신체 일부가 상했다고요? 괜찮아요! 모든 병원은 대체할 장기와 팔다리를 기르는 실험실을 가지고 있답니다. 당신의 일부분이 부러졌다면, 새로운 부분을 받으면 되는 거예요. 인간을 죽음에 이르게 하는 것은 최고로 심각한 사고와 매우 심한 희소병이 전부입니다. 거의 모든 인간의 질병에 대한 치료법이 있어요. 당신은 영원히 살 수도 있습니다.

> 당신의 일부분이 부러졌다면, 새로운 부분을 받으면 되는 거예요.

예비용 신체 부위

당신은 정말로 300살 또는 그 이상의 나이까지 살고 싶나요? 다니엘 바이스 박사는 "과학의 발전은 이를 단순한 가능성에서 실제 가능한 일로 만듭니다."라고 말합니다. 그는 버몬트대학교의 의사입니다. 역사상 기록에서 122살을 넘긴 사람은 없었지만, 인간의 평균 수명은 1800년대부터 오늘날까지, 30세에서 72세로 꾸준하게 늘어나고 있어요. 많은 나라에서 100번째 생일을 축하하는 사람은 예전처럼 드물지 않답니다.

사람을 그것보다 훨씬 더 오래 살게 하려면, 의사들은 못쓰게 된 몸의 일부분을 교체하거나 수리해야 합니다. 이를 재생 의료라고 해요. 혹시 여러분이 아는 사람 중에 금속이나 플라스틱으로 만든 새로운 고관절이나 무릎 관절을 받은 사람이 있나요? 이러한 몸의 부위를 교체하거나 수리하기는 상당히 간단해요. 마찬가지로 기계로 작동하는 시스템이 장기의 일부를 대신할 수 있답니다. 예를 들면, 심장에 문제가 있는 사람이 기계로 된 판막 혹은 필요하다면 기계로 된 심장을 통째로 맞추게 될지도 몰라요. 바니 클라크라는 남자는 1982년에 인공 심장 전체를 처음으로 이식받은 남자입니다. 그가 수술에서 깨어났을 때 아내에게 이렇게 말했어요. "나에게 더는 심장이 없지만, 여전히 당신을 사랑해요!"

지금으로서는 우리의 주요 장기 대부분의 역할을 대체할 기계가 없습니다. 그 대신, 외과 의사들은 환자의 병들거나 손상된 장기를 대체하기 위해서 살아있는 기증자나 최근에 사망한 사람에게서 나온 건강한 장기를 사용해요. 안타깝게도 새로운 장기가 필요한 사람의 숫자가 사용할 수 있는 여분의 장기 개수를 훨씬 뛰어넘습니다.

과학자들은 이러한 사정이 바뀌기를 바라고 있어요. 연구자들은 완전히 새롭게 몸의 일부분을 기르거나 만드는 방법을 연구하고 있지요. 하지만 어떻게요? 이 기묘한 접근법 중에서 제일인 것은 다름 아닌, 장기를 3D로 프린트하는 거예요. 늙고, 죽은 장기를 살아 있는 새로운 세포로 채우는 것이지요. 아니면 동물의 세포를 개조해서 사람의 장기에 사용할 수 있도록 개조하는 거예요.

돼지가 우리를 구해 줄 수 있을까

> 연구자들은 동물 숙주 안에 인간의 장기를 기르는 것을 목표로 하고 있어요.

돼지의 장기는 공교롭게도 사람의 것과 크기가 거의 같아요. 또한 빠르게 번식하고 새끼를 여러 마리씩 낳지요. 우리가 돼지의 장기를 가져다가 사람에게 집어넣을 수 있을까요? 그럴 수 없어요. 인간의 몸은 어떤 동물의 장기라도 외부 침입으로 여기고 그것을 파괴해요. 하지만 과학자들은 우리 몸이 동물의 장기를 덜 위협적으로 받아들이도록 위장할 방법을 찾고 있어요. 2018년의 연구에서 두 마리의 개코원숭이는 돼지의 심장을 이식받고도 6개월을 살았습니다. 다른 연구자들은 동물 숙주 안에 인간의 장기를 기르는 것을 목표로 하고 있어요. 그 결과를 키메라(chimera, 한 가지 종 이상의 신체 부위를 지닌 생명체를 말해요)라고 부릅니다. 연구자들은 돼지의 배아에 사람 세포를 주입했고 몇 주 동안 발달하게끔 놔두었어요. 아직까지 인간과 돼지의 키메라는 태어나지 않았네요.

돼지의 몸에 인간의 장기를 넣어 번식시키는 것이 소름 끼친다고 생각하는 사람은 당신 혼자만은 아닐것입니다. 많은 사람이 식량이나 의료 목적으로 동물을 죽이는 것은 괜찮다고 생각하는 반면, 사람을 죽이는 것은 범죄라고 여깁니다. 그렇다면 당신은 부분적으로 사람인 동물과 사람을 어떻게 경계 지을 건가요? 세계에서 가장 규모가 큰 두 종교인 유대교와 이슬람교에는 또 다른 문제가 있습니다. 이들은 돼지고기를 먹거나 만지는 것을 금하고 있어요. 이미 이 종교의 지도자들은 사람의 생명을 살리기 위해 돼지에서 나온 신체 부위를 사용해야 할지 말아야 할지에 대해서 논의하는 중입니다. 당신이 이 종교 중 어느 것도 따르지 않는다고 해도, 어떠한 이유로든 동물을 죽이는 것은 잘못됐다고 느낄 수 있습니다. 심지어 그것이 사람의 생명을 살리기 위한 것이라고 해도 말이지요. 많은 사람은 더 좋고, 더 잔인하지 않은 방법으로 누구나 신체 부위를 받을 수 있기를 바라고 있어요.

> 어떠한 이유로든 동물을 죽이는 것은 잘못됐다고 느낄 수 있습니다.

색칠 공부

다행스럽게도, 대안은 있습니다. 과학자들은 언젠가 환자 자신의 세포에서 장기 전체를 기르거나 인쇄할 수 있을 거라고 말합니다. 바이스의 실험실은 몸 밖에서 사람의 폐를 키우는 것에 공을 들이고 있습니다. 처음에 그들은 튼튼하지 않고, 심지어 제대로 작동하지도 않는 실제 사람 또는 돼지의 폐에서 시작합니다. 그다음에는, 연구자들이 거기서 늙은 세포를 전부 씻어내요. 이것을 탈세포화라고 해요.

이 과정이 세포가 자라는 지지대를 제외한 모든 것을 없애주지요. 이 시점에서는 폐가 유령처럼 하얗게 보이지만 크기와 모양은 전과 똑같아요. 그다음이 어려운 단계입니다. 폐에는 40가지 종류의 다양한 세포가 있어요. 어떤 세포는 근육을 만들고 또 다른 세포는 기도와 혈관을 구성하지요. 엄청나게 복잡한 컬러링 북에 색을 칠하는 것처럼, 연구자들은 종류별로 세포를 가져다가 기르고 지지대에 있는 각각의 부분에만 채워 넣어야 합니다. 이 단계가 힘든 작업이에요. 현재 바이스의 연구팀은 엄지만 한 작은 폐 조직을 연구해요. 연구팀은 이들 조직이 실제 폐처럼 활동하는 것을 봤지요. 하지만 바이스는 실험실에서 길러낸 온전한 폐를 이식할 정도가 되려면 적어도 앞으로 5년은 더 걸릴 것이라고 예상합니다.

연구자들은 이미 사람의 피부나 뼈 일부를 3D로 인쇄 할 수 있답니다.

다른 연구자들은 3D 프린트나 다른 제조 도구를 사용해 인간의 장기나 다른 몸의 부위를 아예 처음부터 만들 수 있기를 바라요. 이미 연구자들은 사람의 피부나 뼈 일부를 3D로 인쇄할 수 있답니다. 또한 속이 빈 신체 부분을 만들 수도 있지요. 미국 웨이크포레스트대학 재생 의학 연구소의 외과 의사 앤서니 아탈라 박사는 20년 동안 환자들에게 공학적으로 만든 방광과 기도를 이식해 오고 있어요. 그는 새로운 신체 부위를 기르는 데 환자들의 세포를 사용합니다. 그의 환자 중 한 명인 루크 마셀라는 2001년, 어린이였을 때 새로운 방광을 이식받았고 여전히 잘 지내고 있어요.

피부나 방광을 만드는 것과 폐나 심장, 간, 신장, 췌장 전체를 만드는 것은 전혀 다른 일입니다. 애덤 파인버그는 카네기멜론대학교의 생체 공학자입니다. 그는 "장기를 만든다는 건 여전히 우리와 거리가 먼 이야기예요."라고 말하지만, 우리가 해낼 거라고 믿고 있어요.

온전한 장기를 인쇄할 때의 큰 문제 중 하나는 조직에 있는 모든 세포가 계속 살아 있도록 하는 거예요. 살아 있는 조직에는 그물망 같은 혈관과, 그 밖의 통로가 있는데, 머리카락 한 올보다도 훨씬 두께가 얇은 경우가 많아요. 마치 좁은 골목길처럼, 이들 통로는 세포가 생존하는 데 필요한 물질을 가져다줍니다. 또한 세포의 노폐물도 운반해 가지요.

일부 연구자들은 이 복잡한 통로의 시스템을 재현하려고 노력하는 중이에요. 라이스대학교의 생체 공학자 조던 밀러는 혈관과 기도를 완전히 갖춘 사람의 폐에서 폐포 한 개를 모방한 것을 인쇄했습니다. 다만 이 폐포가 실제보다 10배나 크고 인쇄하는 데 5시간이 걸린다는 게 문제예요. 사람의 폐 하나는 이러한 공기 주머니 6억 개 정도를 가지고 있으니까요. 2021년, 미항공우주국(NASA)은 연구팀들을 대상으로 30일 동안 살아 있을 수 있는 최소 1센티미터(0.4 인치 정도) 두께의 장기 조직 덩어리를 만들기에 도전하는 대회를 열었어요. 우승 팀은 30만 달러를 받았지요. 엔지니어들은 아직도 장기 조직을 더 빠르고 더 저렴하게 3D로 인쇄할 방법을 찾아야만 합니다. 밀러는 여전히 현재로서도 사람들이 자발적으로 장기 기증자 등록을 하는 게 매우 중요하다고 말합니다.

당신이 바꾸고 싶지 않을 장기가 하나 있어요. 바로 뇌입니다.

의사들이 어떻게 대체 장기를 얻든지 간에, 그들이 그 장기를 환자의 몸에 집어넣어야 한다는 것은 변함이 없어요. 이는 수술로 환자의 배를 가르고 열어야 한다는 뜻이지요. 게다가, 당신이 바꾸고 싶지 않을 장기가 하나 있어요. 바로 뇌입니다. 당신의 기억, 배워온 모든 것, 어떻게 보면 당신이라는 존재를 이루는 모든 것이 뇌에 들어 있지요. 언젠가는 당신의 기억과 성격을 또 다른 뇌로 복사하는 것이 가능할 수도 있습니다. 하지만 당신은 그 수술 이후에도 여전히 스스로를 당신이라고 느낄 수 있을까요? 그건 아무도 모릅니다. 또한, 우리가 2장에서 배웠듯이 뇌 전체에 대한 모든 정보를 모으고 옮기는 것은 거의 불가능할 정도로 어렵기에 좀처럼 금방 이루어질 것 같지 않네요.

젊음의 샘

만일 의사들이 새로운 신체 부위를 이식하지 않아도 된다면 어떨까요? 마치 도마뱀이 잃어버린 꼬리를 다시 기르는 것처럼, 자신의 조직과 장기를 고치고 새로 만드는 것을 모두 몸이 스스로 한다면 말입니다. 사실, 당신의 몸에는 줄기세포라 불리며 작은 공장 같은 역할을 하는 특별한 세포 집단이 이미 있습니다. 그 세포 집단은 마모된 세포가 교체할 부품을 쏟아내지요. 그렇지만 심각한 손상은 처리할 수가 없어요.

줄기세포를 추가해 주는 것은 마치 거대한 폭풍이 지나간 후 수습하는 것을 도울 구조 대원을 보내는 것과 비슷해요. 앞장서서 일하는 사람이 큰 재해로 어쩔 줄 모르다가 도움의 손길을 받으면 일을 더욱 쉽게 할 수 있을 테지요. 추가한 줄기세포는 약해진 심장을 고치거나 심지어는 건강한 뇌세포의 수를 늘려서 치매를 막아 줄 수도 있답니다. 과학자들은 언젠가 줄기세포 치료가 심장병, 알츠하이머, 암, 탈모, 다른 많은 질병을 얼마든지 낫게 할 수 있기를 기대합니다. 메이요 클리닉의 의사인 사란야 P. 와일스 박사는 "의사와 과학자들은 언젠가 줄기세포를 통한 안전한 치료가 가능해지도록 애쓰는 중입니다."라고 말합니다. 다른 연구자들은 언젠가는 사람의 몸속을 헤엄쳐 다니며 수리해 주는 나노 기술과 조작 미생물을 연구하고 있어요. 그렇지만 이러한 치료는 아직 준비되지 않았습니다.

지금 질병에 대한 치료가 간절히 필요한 사람이 많습니다. 안타깝게도 사기꾼들은 이런 간절함을 악용해서 효과가 없는 치료법을 제안해요. 어떤 연구도 뒷받침되지 않아 해를 끼칠지도 모르는 줄기세포 치료가 많아요. 인터넷에도 역시 노화와 질병에 대한 '기적의' 치료법이 가득합니다. 진짜라기엔 너무 좋은 치료나 제품을 아주 조심하세요. 진짜가 아닐 가능성이 큽니다.

신체 부위를 교체하거나 수리하면 사람을 몇 백 년 동안 살아 있게 할 수도 있어요. 하지만 그것이 과연 사람으로 하여금 그렇게 오랫동안 젊어 보이게 하고 젊음을 느끼게 하는 게 가능할까요? 과학자들은 분명 노화를 늦추고 손상을 줄일 방법을 찾을 거예요. 그렇지만 그들이 나이가 드는 것을 완전하게 막을 방법을 알아낼 수 있을 것 같지는 않아요. 노화 전문가이자 유전학자인 로빈 홀리데이는 "늙는 것은 되돌릴 수가 없다"라고 썼습니다. 그는 시간이 지나면서 망가지는 것이 너무 많다는 것을 근거로 들었어요. 우리는 결코 그 문제 모두를 고칠 수 없고, 한 번에 고칠 수도 없습니다.

과학자들은 분명 노화를 늦추고 손상을 줄일 방법을 찾을 거예요.

노화로 이어지는 많은 과정은 몸에서 반드시 이루어져야 하는 일입니다. 먹는 것은 그중 하나에요. 음식물을 에너지로 바꾸는 과정도 분자가 나오게 하고 세포를 손상시킵니다. 그러나 의사들이 이런 종류의 손상이 일어나지 않도록 멈추는 방법을 찾는다고 해도, 그들은 여전히 또 다른 많은 노화 과정을 멈춰야만 해요. 이 모든 것은 몸의 기능을 유지하는 시스템은 하나도 멈추지 않으면서 이뤄져야 합니다.

죽지 않는 것의 위험

또한 우리는 영원히 사는 것이 정말 좋은 생각인지를 스스로에게 물어봐야 합니다. 300살 혹은 그 이상을 사는 것이 몇 십 년, 또는 그보다 오랫동안 늙고 약한 몸을 대해야 한다는 뜻이라면, 당신은 여전히 자신이나 가족을 위해서 그것을 원할까요? 자신의 자립, 이동, 민첩한 정신, 기억 등을 포기해야 한다면, 어떤 사람들은 영원히 산다는 개념을 다시 생각해 볼 수도 있어요.

앞에서 말한 요소를 포기하더라도 세상에 최대한 오래 머무르고 싶은 사람도 있을 수 있어요. 죽는 것이 두려우니, 아주 오래 사는 것이지요. 늙은 몸으로 산다고 해도, 계속 살아 있는 것이 이상적이라 여길 수도 있습니다. 그렇지만 죽는 것은 모든 생명체의 자연 순환을 완성하는 명확한 종점이 되기도 한답니다. 죽음과 노화는 우리가 사랑하는 많은 이야기와 예술 작품의 중요한 주제예요. 삶과 죽음, 존재와 무(無)의 대비는 삶이 계속되는 동안 그것을 더욱 귀중하고 보물처럼 느낄 수 있게 해 줍니다. 죽은 뒤 영혼이 사후 세계로 옮겨 간다고 믿는 사람에게 죽음은 종교적인 믿음의 전환이 되며 없어서는 안 될 부분입니다. 만약 당신이 절대로 죽지 않는다는 사실을 알고 있다면, 여전히 삶을 의미 있다고 느낄까요?

만약 당신이 절대로 죽지 않는다는 사실을 알고 있다면, 여전히 삶에 의미가 있을까요?

좀 더 현실적인 차원에서 보면, 죽지 않거나 아주 오래된 인구는 세상에 좋지 않을 거예요. 만약 모든 사람이 아기를 낳고 수 세기동안 계속해서 산다면, 인구는 금세 통제할 수 없게 될 것입니다. 이 사람 모두는 무엇을 먹나요? 그들은 어디에서 살 건가요? 이렇게 나이가 들어 오래 산 사람 모두가 절대 죽지 않는다면, 그들 모두를 돌보기 위해서 터무니없이 큰 비용이 들 것이고 심지어는 아예 돌보지 못할 수도 있어요. 조지타운대학교의 퇴직한 생명 윤리학자 로렌스 프로그레이스는 "언젠가 사람은 각자 자신의 삶을 충분히 즐겼다고 할 때가 온답니다. 그리고 그때는 우리가 다른 사람에게 삶을 이어가도록 할 때지요."라고 말합니다.

일부 사상가는 죽지 않는 인간이 자기의 공간을 만들기 위해서 외계로 흩어져 나가는 것을 상상해 왔어요. 또 다른 사람은 죽지 않는 인구가 아이 갖기를 멈출 것인지 궁금해했지요. 지금, 아이를 키우는 것은 인간의 삶에서 가장 중요하며 인생을 가장 풍요롭게 해 주는 부분입니다. 우리는 정말로 아이가 없는 세상에서 살기를 선택할까요?

인구 증가가 힘써서 극복해야 할 문제인 것은 분명합니다. 나이 든 세대가 죽고 새로운 세대가 자라나면서, 사회는 때로 새로운 사회 규범과 사고 및 행동 방식을 가지고 다시 태어나요. 정치인, 예술가, 과학자, 학자, CEO, 그 밖의 지도자들이 영원하다면, 과연 문화는 진화하거나 변화할 수 있을까요? 아주 오래된 사람이 끊임없이 새로운 것을 창조하고 발명하고 발견할 수 있을까요? 영원히 사는 것은 단조롭고, 반복되며 지루할 수 있어요.

그뿐만 아니라 지나치게 긴 인생이 우리의 마음과 스스로에게 어떤 영향을 미치게 될지 전혀 알지 못해요. 죽지 않는 사람은 행복할까요? 아니면 끝없는 삶이 벅차서 스스로의 정신 건강에도 영향을 끼치게 될까요? 우리의 친구와 가족 관계는 수백 년 혹은 수천 년 동안 지속될 수 있을까요, 아니면 우리는 서로에게 질려 버리고 말까요? 정답은 아무도 몰라요. 그렇지만 의학은 우리가 찾는 미래로 우리를 데려가 줄 것입니다.

7. 반려 공룡

당신은 "렉스! 여기야 여기!"라며 부릅니다.
공룡 한 마리가 즐겁게 뛰어놀고 있군요.
크기가 작은 녀석이라 머리부터 꼬리 끝까지의 길이가 몇 미터밖에 되지 않아요.
깃털이 난 머리를 갸웃거리며 새처럼 반짝이는 눈으로 당신을 빤히 바라봅니다.

당신이 공중에 간식을 던지자, 렉스가 독수리와 늑대의 중간쯤 되는 소리를 '꽥' 지르며 간식을 향해 뛰어오릅니다. 둘이서 잠시 놀고 난 후, 당신은 렉스를 우리에 넣고 얼마 전 문을 연 새로운 사육장을 보려고 동물원을 향해 갑니다. 당신은 열차를 타고 다른 종류의 살아있는 공룡을 몇 마리 지나칩니다. 아파토사우루스, 스테고사우루스, 심지어 티라노사우루스 렉스도 봅니다. 당신이 탄 기차는 털북숭이 매머드와 검치호(고양잇과의 화석 동물)를 지나칩니다. 다른 동물원에는 플레시오사우루스와 프테로사우루스가 있습니다. 이 동물들은 모두 옛날에 멸종됐지만, 과학자들이 그들을 다시 살아나게 했답니다.

마침내, 당신은 새 사육장에 도착했습니다. 푸른 잔디가 깔린 사육장 한가운데에서 위풍당당한 생물이 냇가에서 물을 마시고 있군요. 바로 유니콘이에요. 하얀색 말의 모습을 하고 있지만, 이마에서부터 자라난, 휘어진 뿔을 하나 가지고 있지요. 길 반대편에 있는 또 다른 서식지에서는 도마뱀을 닮은 거대한 생명체가 위에서 불쑥 나오더니 비늘 같은 날개를 접으며 나뭇가지에 내려앉습니다. 다름 아닌 용이지요. 당신이 눈이 휘둥그레져서 쳐다보네요. 이 광경은 당신이 상상했던 것보다 훨씬 놀라워요. 상상이 현실이 되었답니다.

살아있는 생물을 위한 레시피

영화 <쥐라기 월드>에서는 과학자들이 살아있는 공룡을 만들어요. 어떻게 만드느냐고요? 그들은 아주 오래전에 보존된 모기의 배 속에서 공룡의 피를 발견해요. 그 피에는 공룡의 DNA가 들어 있지요. DNA 분자의 나선형 사슬은 거의 모든 살아있는 세포 안쪽에 자리 잡고 있어요. 마치 요리의 레시피처럼, DNA에는 몸이 어떻게 스스로를 자라게 하고 유지하는지를 말해 주는 지시 사항이 들어 있습니다. 영화 속 과학자들은 아기 공룡을 키우기 위해서 자신들이 발견한 그 레시피를 사용해요. 그런데 실제 현실에서는 그런 일은 일어나지 않을 거예요. 과학자들은 공룡 DNA를 전혀 찾지 못했는데, 심지어 보존된 모기 배 속에서도 발견하지 못했어요. (과학자들이 들여다보았답니다.)

동물이나 식물이 죽고 나면 이들의 DNA를 비롯한 몸은 분해됩니다. 얼리거나, 미라가 되거나, 보존된 몇몇 사체는 DNA의 흔적을 수천 년 또는 수십만 년 동안 가지고 있기도 하지요. 하지만 마지막 공룡이 죽어 멸종된 것이 65만 년 전이에요. 과연 DNA가 그렇게 오랫동안 살아남을 수가 있을까요? 캘리포니아대학교 산타크루스의 분자 생물학자인 베스 샤피로는 '아니'라고 말하네요. 그녀라면 알 거예요. 베스의 연구팀은 약 70만 년 전에 죽은 말의 뼈에서 아주 오래된 게놈 중 하나의 유전자 배열을 발견했거든요. 그 뼈는 줄곧 얼어 있었어요. 그때도 그녀는 이렇게 말했습니다. "그 DNA의 상태는 아주 고약했어요." 긴 가닥이 아닌, "아주 조그맣고 산산조각이 난 DNA 조각들이었습니다."라고요.

그래도 우리가 실제로 쥐라기 공원을 가질 수 있을까요?

공룡 DNA의 흔적이 하나도 남아있지 않았는데도 우리가 실제로 쥐라기 공원을 가질 수 있을까요? 캘리포니아 오렌지시의 채프먼대학교의 공룡 과학자 잭 호너는 '그렇다'라고 말합니다. 과학자들은 멸종된 것과 똑같은 공룡을 되살리지는 못할 거예요. 그렇지만 그와 아주 비슷한 동물을 만드는 것은 할 수 있을 것입니다. 또한 신화에 나오는 용이나 유니콘 같은 것을 비롯해 이전에 없었던 새로운 동물을 만들 수도 있답니다. 호너는 "우리는 할 수 있다는 것을 알고 있어요."라고 말합니다. "단지 레시피를 찾는 문제일 뿐이지요."

생명체의 완전한 레시피 또는 유전자의 배열 순서를 게놈이라고 해요. 만약 당신이 인간 게놈 전체를 인쇄하려 한다면, 사전 800권 분량을 채우게 된답니다. DNA의 조각을 유전자라고 하는데, 이것은 레시피의 순서 같은 거예요. 유전자는 생물의 생김새와 몸의 기능을 제어합니다. 생명체는 자신의 유전자를 부모에게서 받는데, 보통은 반은 엄마에게서, 반은 아빠에게서 받아요. 당신의 특별한 유전자 세트는 당신의 머리와 눈의 색깔, 당신의 키, 당신이 혓바닥을 둥글게 말 수 있는지 없는지 등 그 밖에도 당신에 관한 다른 많은 것을 결정한답니다. 그렇지만 전부를 결정하는 건 아니에요! 당신의 생활 방식과 삶에서 얻은 경험들도 당신을 만드니까요.

유전자를 바꾸거나 돌연변이를 만드는 것은 레시피를 고치는 것입니다. 레시피가 달라지면 출생 전 혹은 출생 후에 몸이 작동하는 방식 또한 달라질 수 있어요. 살아 있는 모든 세포에서 DNA 돌연변이가 일어나는 건 가끔이에요. 때로 돌연변이는 아무런 영향도 주지 않지만, 어떤 때는 암이나 또 다른 질병을 일으키기도 합니다. 또 가끔은, 생명체에 이점을 주기도 하지요. 세월이 흐르고, 부모가 유전자 변화를 자녀에게 물려주면서 생명체는 점차 새로운 종으로 진화합니다. 게다가 사람들은 유전자 변화를 일부러 만드는 방법을 알아냈지요. 아주 먼 옛날부터 있었던 한 가지 방법입니다. 바로 교배랍니다. 농부들은 이 방법으로 수많은 새로운 종류의 동물과 식물을 개발해 왔어요.

방법은 이렇습니다. 농부들이 더 큰 말을 원한다고 해 봅시다. 그들은 평범한 말보다 약간 큰 말을 골라 짝짓기를 시킵니다. 그렇게 태어난 망아지가 다 자라면, 농부들은 또 제일 큰 말을 골라 짝짓기를 시킵니다. 시간이 지나면, 이 과정이 말을 더 크게 만들 거예요. 이와 같은 과정은 어떤 종에게라도 급격한 변화가 일어나게 할 수 있어요. 개를 사육하는 사람들은 거대한 그레이트데인을 아주 작은 치와와처럼 만드는 데 성공했지요. 야생의 바나나는 안에 크고 딱딱한 씨앗이 들어 있고 짧고 뭉툭한 반면, 농사지은 바나나는 길고 씨가 없어요. 자연 상태의 옥수수는 딱딱하고 아무 맛이 나지 않는 열 개 또는 그 이하의 알맹이가 있고 크기도 땅콩만 했어요. 그에 비하면 스위트콘의 옥수숫대는 천 배나 커진 거예요. 게다가 더 달고 즙도 많아졌지요. 당신이 먹는 거의 모든 음식이 예전보다 더 커지고, 맛이 진하고, 즙이 많고, 더욱 달고, 기르기 쉽고, 추수하기 쉽고, 저장과 운반이 쉬워졌어요. 품종 개량을 통해 새로운 생명체를 만들어 내려면 수십 년 심지어는 수백 년이 걸려요. 그렇지만 DNA를 바꾸는 기술은 훨씬 빠른 데다 종이 미처 가지고 있지 않은 형질(유전자나 환경에 의해서 나타나는 특징)도 도입할 수가 있답니다.

> 교배는 어떤 종에게라도 급격한 변화가 일어나게 할 수 있어요.

유전 공학의 새로운 도구

유전 공학에는 DNA를 바꾸는 여러 가지 방법과 도구가 있답니다. 논란이 많은 이 유전 공학 기술은 유전자 레시피에 완전히 새로운 단계와 재료를 들여올 수 있어요. 게다가 이 기술은 교배의 긴 시행착오 과정을 건너뜁니다. 하지만 제일 먼저 과학자들은 어떤 유전자가 크기를 비롯한 형질을 제어하는지 알아내야만 합니다. 몇 개의 유전자가 한 가지 형질을 제어하는가 하면, 한 유전자가 서로 다른 몇 가지 형질에 영향을 받기도 해요. 이 퍼즐을 풀기 위해서 과학자들은 실험실에 있는 세포의 변화를 실험하는 데 만만치 않은 시간과 노력을 들여야만 하지요.

> 과학자들은 어떤 유전자가 형질을 제어하는지 알아내야만 합니다.

1970년대에, 연구자들은 한 종의 유전자를 다른 종에게 들여오는 방법을 알아냈어요. 이 방법은 유전자 변형 유기체(GMO)를 만듭니다. 예를 들면 해파리의 특정한 유전자는 살아있는 세포면 어떤 것이든 특정한 종류의 빛 아래서 푸른색 빛이 나게 합니다. 과학자들은 이 유전자를 토끼, 돼지, 원숭이, 고양이가 푸른색으로 빛나게 하려고 사용했어요(재미로 한 것은 아니에요. 빛이 난다는 것은 유전자 변화가 실제로 일어났는지를 쉽게 확인할 방법입니다). 식물 과학자들은 새로운 작물을 제조하려고 다른 종의 유전자를 사용해 왔어요. 해충과 싸워 이기는 옥수수와 영양소가 추가된 쌀을 만든 것을 예시로 들 수 있습니다.

그리고 나서 2012년에 제니퍼 다우드나와 에마뉘엘 샤르팡티에는 크리스퍼(CRISPR)라고 하는 획기적인 신기술을 개척하고 사용했어요. 그들의 연구는 2020년 노벨 화학상을 받았답니다. 크리스퍼 기술은 DNA 일부분을 찾아서 발견하고 잘라낸 다음, 필요하다면 다른 도구로 새로운 DNA 조각을 붙일 수 있습니다. 크리스퍼는 저렴하고 사용하기 쉬워서 과학자들이 유전자 변형 유기체를 만들기 위해 이 기술을 사용할 수 있지요. 아니면 이미 게놈에 있는 유전자를 고치거나 없애기 위해서 사용할 수도 있습니다. 이것을 유전자 편집이라고 해요. 한 가지 예로, 2016년에 연구자들은 버섯을 상하게 하는 유전자를 발견했어요. 그들은 그 유전자를 제거해서 오랫동안 신선한 버섯을 만드는 데 크리스퍼를 사용했지요. 2020년, 과학자들은 코로나19가 전 세계에 유행하는 동안 아주 빠르게 백신을 만들기 위해서 유전자 편집을 사용했습니다.

매머드 공원

다른 과학자들도 멸종된 동물의 레시피 조각을 맞추기 위해서 크리스퍼와 다른 도구를 사용하고 있어요. 몇몇 연구팀은 털북숭이 매머드의 게놈을 연구하는 중이지요. 일부 보존된 매머드의 사체에는 DNA가 여전히 들어 있어요. 이 거대한 생물의 마지막 개체가 멸종한 지 이제 막 5,000년이 지났기 때문이에요. 그렇다 하더라도, 완전한 게놈을 만들 만큼의 DNA를 충분히 발견하기는 쉬운 일이 아닙니다. 이는 마치 레시피가 파쇄기를 통과해 버린 것과도 같아서, 과학자들은 모두 몇 개 되지도 않는 작은 조각으로 연구를 해야만 한답니다. 이들 조각으로 전체 레시피를 조립하려고 애를 써야 해요. 과학자들이 뭔가를 합쳐 꿰맞출 수 있다고 해도, 손상된 DNA는 살아있는 세포 안에서 작동하지 않을 거예요. 살아있는 동물을 만들어 내려면 과학자들은 살아 있는 세포에서 나온 완전한 DNA가 필요해요.

아시아코끼리는 매머드와 가장 가까운 살아있는 친척이에요. 그래서 일부 과학자들은 털북숭이의 형질을 가진 동물을 만들기 위해서 코끼리의 DNA를 편집하려 하지요. 하버드대학교의 조지 처지는 매머드에게 털가죽, 커다란 귀, 군살 등을 갖게 해 준 유전자를 확인했어요. 2015년에 그는 이 유전자의 복제품을 몇 개 만들고 크리스퍼를 사용해 살아 있는 코끼리 세포의 DNA에 붙여 넣었습니다. 그 세포는 실험실의 배양 접시에서 살아남았어요. 과학자들은 결국 암컷 코끼리의 난자 안에서 이러한 편집을 할 수 있을지도 몰라요. 하지만 그 난자를 새끼로 자라게 하는 것은 완전히 다른 문제입니다. 그것을 실현할 기술은 아직 없어요. 아마 코끼리는 매머드를 배에 품고 낳을 수가 없을 거예요. 그럼에도 과학자들은 결국엔 매머드 같은 형질을 조금 가지고 있는 코끼리를 만들 수 있을 것입니다.

> 살아있는 동물을 만들어 내려면 과학자들은 살아 있는 세포에서 나온 완전한 DNA가 필요해요.

공룡닭

공룡은 어떨까요? 공룡에게도 살아 있는 친척이 있어요. 다름 아닌 조류랍니다. 믿기 힘들겠지만, 보잘것없는 닭이 티라노사우루스 렉스의 먼 사촌이랍니다. 심지어 연구할 고대 DNA 조각이 없어도, 과학자들은 조류와 그들의 조상인 공룡을 분류하는 일부 유전자를 알아내는 데 성공했어요. 예를 들면, 과학자들은 새의 발톱과 부리 안의 이빨을 공룡처럼 발달하지 못하게 하는 몇몇 유전자를 발견했어요. 이 유전자를 삭제하면 수십만 년치에 달하는 진화를 삭제해 버릴 수 있는 겁니다. 꼬리 길이와 같은 다른 형질은 더욱 복잡합니다. 호너 연구팀은 꼬리의 성장을 어떻게 조절하는지를 연구하고 있어요. 호너의 말에 따르면, 그들은 하나의 유전자를 고른 다음 그것을 '켰다가, 껐다가' 하면서 어떤 일이 일어나는지를 본다고 해요. 그동안 실시한 어떤 실험에서도 돌연변이 공룡닭은 부화하지 않았어요. 연구팀은 달걀 안에서 유전자를 바꿔요. 그리고 버리기 전 며칠 동안 배아를 자라도록 둡니다. 그들은 이 세상에 새로운 새끼 동물을 데려오기에 앞서 공룡 레시피를 철저히 이해하려고 하는 것입니다.

만일 과학자들이 새에 공룡의 꼬리를 기르거나 코끼리에 매머드의 털을 자라게 할 수 있다면, 그들이 지구의 생물체를 바꾸기 위해서 또 어떤 일을 할 수 있을지 한번 생각해 보세요. 어떤 형질이 현실에 존재할 수 있다면, 유전 공학자들은 아마 그것을 만들어 낼 수 있을 거예요. 불을 내뿜는 동물은 현실에 있지 않으니, 불을 내뿜는 용은 별로 가능성이 없겠네요. 하지만 날개 달린 도마뱀은 가능할 거예요. 뿔이 있는 말은 훨씬 쉽겠지요. 과학자들은 소에게서 뿔을 없앨 수 있다는 것을 이미 보여주었으니까요. 2015년에 뿔이 없는 송아지인 스포티기와 부리가 태어났었지요. 기업 리콤비네틱스의 과학자들은 뿔이 자라나지 못하도록 송아지의 DNA를 편집했어요. 이제 유니콘이나 용, 매머드, 공룡을 비롯해 당신이 상상하는 동물은 언젠가 진짜로 존재하게 될지도 모릅니다. 유전 공학 덕분에 말이죠.

날개 달린 도마뱀을 만드는 것은 가능할 거예요.

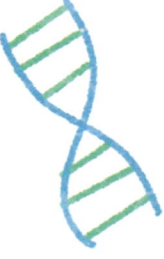

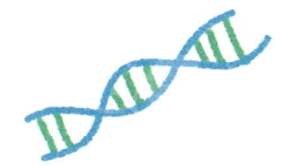

하느님 놀이

과학자들이 어떤 것을 할 수 있다고 해서 그것을 해야만 하는 것은 아닙니다. 어떤 사람들은 유전 공학을 이용해서 새로운 생명체의 모양을 만들어 내거나 자라는 배아에 손을 대는 것이 도덕적으로 잘못됐다고 느낍니다. 어떤 사람들은 이 행동을 가리켜 하느님 놀이라 말하기도 했지요. 아마도 인간은 이런 종류의 힘을 받아들일 준비가 미처 되지 않았을지도 모르겠어요.

새로운 동식물을 만들기 위해서 유전 공학을 이용하는 것은 위험이 따르는 일입니다. 유전자 변형은 질병이나 고통, 원치 않는 결과를 일으킬 수도 있어요. 물론 연구자들은 살아 있는 동식물을 만들기 전에 실험실에 있는 세포에 광범위한 실험을 해요. 하지만 그렇다 하더라도, 살아 있는 동식물은 유전자 변형이 완벽해지기 전에 죽거나 고통 받는 경우가 많지요. 그래서 과학자와 우리는 새로운 생명체를 개발하는 이익이 위험보다 더 큰지 아닌지를 반드시 신중하게 생각해야 합니다.

소뿔이 사람과 다른 소에게 위험할 수 있다는 것을 알고서 소뿔이 아예 자라지 않도록 유전자 편집을 하는 것은 그나마 타당해 보여요. 하지만 제초제에 저항하도록 농작물의 유전자를 편집하는 것은 농부에게 더 많은 제초제를 사용하게 해요. 이는 토양의 건강과 생태계에 좋지 않은 행동이지요. 반GMO 운동이 전 세계적으로 퍼지면서, 많은 나라에서 GMO를 금지하거나 제품에 GMO 표시를 하게

> 유전자 변형은 질병이나 고통을 일으킬 수도 있어요.

만들었습니다. 그런데 진짜 문제는 유전 공학의 기술이 아니에요. 일부 기업이 그 기술을 해로운 농사에 도움이 되게끔 이용한다는 점입니다. 활동가들도 그 기업들이 유전자 변형 종자를 만들어 농부가 심는 작물을 장악하고 있다는 사실을 걱정해요.

유전자 변형 유기체와 유전적으로 편집한 식품들이 먹기에 완벽하게 안전하다는 것은 좋은 소식이에요. 그리고 일부 과학자들은 미래 세상의 식량에 도움이 되는 작물 만들기를 연구하는 중이기도 합니다. 가나의 케이프코스트대학의 박사 과정 학생인 새뮤엘 아쳄퐁은 영양소를 추가한 고구마를 만들고 있답니다. 그는 언젠가는 사람이 '적게 먹고도 필요한 것을 모두 얻게' 되기를 바라고 있어요. 게다가 유전자를 변형해 제조한 작물은 상대적으로 작은 땅과 적은 물을 사용하면서 더 많은 식량을 생산할 수 있을 거예요. 유전 공학은 위험에 처한 동식물이 살아남는 것을 돕기도 합니다. 수많은 종류의 산호가 기후 변화 탓에 모두 파괴될 위험에 처해 있지요. 호주의 연구자들은 유전 공학을 이용해 산호가 그들의 집인 바다에서 일어나는 극한의 기후 변화에도 살아남도록 도우려 합니다.

살아갈 공간

소, 고구마, 산호는 세상에 이미 있는 것이지요. 멸종되고 신화에 나오는 동물은 그렇지 않아요. 언젠가 그 동물들이 태어난다면, 그들에게 무슨 일이 벌어질까요? 매머드는 매우 사회적인 동물입니다. 어미는 자기 새끼를 3년 동안 돌보지요. 첫 새끼 매머드에게는 곁에 있어 주거나 무엇을 먹는지, 어떻게 행동해야 하는지 보여줄 어른이 하나도 없을 거예요. 새끼 공룡 역시 같은 상황에 처하게 될 것입니다. 이 동물들이 자연에서 살 곳은 더 이상 없어요. 이들은 지금 있는 생물에게 어떤 영향을 주게 될까요? 자연에서의 생태계와 먹이 사슬은 매우 정교하답니다. 새로운 동물은 이미 있는 종에게 해로울 수도 있어요. 우리가 동물원이나 공원에 새로운 동물이 살 곳을 만들어 줄 수도 있겠지요. 하지만 영화 〈쥐라기 월드〉처럼 그들이 탈출해 버린다면 어떻게 하나요?

몰리 하디스티 무어는 캘리포니아주립대학교 산타바바라의 생태학 대학원생입니다. 그녀는 실제 쥐라기 월드에 대한 아이디어를 생각하면서 '불안했다.'라고 말해요. 생태학에서는 모든 생명체가 자연환경에서 어떻게 상호 작용하는지를 연구해요. 몰리 하디스티 무어는 어떤 동물에 인간이 임의로 생명을 가져다주는 것은 타당하지 않다고 주장합니다. 단, 지금 있는 생태계를 치유하고 잘 자라게 하는 데 도움이 될 거라는 분명하고 좋은 이유가 있다면, 예외가 될 수도 있지요. 예를 들면 인도양 크리스마스섬에 살았던 곤충을 먹는 작은 박쥐는 2009년에 멸종했는데, 그것을 되살리면 생태계가 곤충으로 가득 차게 되는 것을 막을 수 있습니다.

> 자연에서의 생태계와 먹이 사슬은 매우 정교하답니다.

매머드 역시 긍정적인 영향을 끼칠 수 있어요. 그들이 쿵쿵거리며 시베리아를 가로지를 때, 그들이 배설한 똥 안에 있는 영양소와 씨앗이 퍼져서 자기도 모르게 무성한 초원을 만들었답니다. 매머드가 멸종하자, 생태계는 고통을 겪었어요. 이 거대한 동물을 다시 데려오면 춥고 세상과 동떨어진 곳에서 동물과 식물의 생명을 복원할 수 있을 거예요. 그들이 다시 돌아오는 것을 준비하고 있는 한 사람이 있습니다. 세르게이 지모프는 1989년에 플라이스토세 공원 프로젝트를 시작했어요. 지난 몇 십 년에 걸쳐서 그는 세계 각지에서 여전히 살아남은 동식물을 다시 들여오는 일을 해왔답니다. 미래의 어떤 매머드(혹은 매머드같이 생긴 코끼리)라도 여기서 살 수 있답니다. "제가 바라는 것은 언젠가 우리가 커다란 매머드 떼를 갖게 되는 거예요. 우리 사회가 그걸 원한다면 말이에요."라고 조지 처지는 말합니다.

사회는 무엇을 원할까요? 몇몇 사람은 우리가 이미 없어진 동물을 다시 데려오기 위해서 시간과 돈을 쓰는 것이 정당하지 않다고 말해요. 지금 우리 곁에 살아 있는 동물부터 영원히 잃어버리지 않도록 확실히 도와주어야 한다는 것이지요. 사람들이 그들의 서식지에 준 피해 때문에 많은 종이 멸종됐어요. 당신은 이 종들을 다시 데려와서 잘 자라게 할 책임이 우리에게 있다고 주장할 수 있습니다.

우리는 지금 우리 곁에 살아 있는 동물부터 영원히 잃어버리지 않도록 확실히 도와주어야 합니다.

공룡, 유니콘, 용을 만들어 내는 아이디어를 지지하기는 더욱 힘들어요. 몰리 하디스티 무어는 "만약 당신이 단순히 멋지다는 이유로 동물에게 뿔이나 날개를 달아준다면, 이는 정당한 이유가 될 수 없을 겁니다."라고 말합니다. 단순히 우리의 즐거움을 위해서 새로운 동물을 세상에 데려온다는 것은 타당하지 않아 보이죠. 특히나 가상 현실에서 우리가 원하는 어떤 마법의 생물과도 놀 수 있다면요. 새로운 생명체는 그 레시피를 완벽하게 하려는 실험이 진행될 동안 고통 받을 수 있습니다. 또한 이러한 동물을 보살피기가 어려울 수 있어요. "멋진 공룡은 모두 당신의 집보다 덩치가 큽니다. 당신의 차고에 맞지 않을 거예요."라고 호너는 지적합니다. 아마 동물원이나 공원도 공룡에게는 그리 편안하지는 않을 것 같네요.

'우리가 새로운 동식물이나 다른 생명체를 만들어야 하는가?'라는 질문에 대해서, 분명하게 옳고 그른 답은 없어요. 모든 경우가 특별하고 여기에는 각자만의 위험과 혜택이 따릅니다. 그렇지만 분명한 것은 크리스퍼와 그와 관련된 도구가 인류에게 아는 만큼 삶을 바꿀 수 있는 놀라운 힘을 주었다는 사실이에요. 이 힘을 선한 일에 이용할 것인지는 우리에게 달렸지요. 우리가 그 기술에 책임을 지고 다른 생명의 형태를 존중한다면 우리는 동물과 식물, 인간에게 유익하고 훌륭한 방법으로 세상을 바꾸고 고칠 수 있을 거예요.

8. 슈퍼 파워

당신은 친구들과 함께 농구대에 공을 던지고 있어요.
하지만 이 농구대는 옛날식 농구장이 아니랍니다.
당신은 한쪽 골라인에만 농구대가 있는 거대한 축구장에 있어요.
그리고 농구대는 집 한 채만 한 높이입니다.

운동장 저 멀리 끝에서부터, 당신은 농구대의 둥근 테를 바라보고 공을 던집니다. 휙! 공을 잡으러 뛰는 것은 골을 넣는 것과 마찬가지로 수월하게 느껴져요. 당신은 예전의 올림픽 선수와 같은 속도로 질주합니다. 농구대에 다다른 당신은 그것을 한 번에 겅충 뛰어넘는군요. 성공적인 슛을 했을 때의 전형적인 세리머니예요. 특수한 옷은 당신이 더욱 힘을 내게 해 줍니다.

당신 친구들은 박수 치고 환호하지만, 당신은 알고 있어요. 당신이 한 것이 그렇게까지 굉장하거나 인상 깊은 것이 아니라는 것을요. 당신이 아는 사람은 모두 엄청난 힘과 속도, 민첩함을 가졌거든요. 모두들 대단한 감각도 갖고 있어요. 독수리 같은 눈, 고양이만큼 잘 들을 수 있는 귀를 가졌지요. 그리고 그게 다가 아니에요. 당신과 친구들은 세심하게 엄선된 유전자 덕분에 똑똑하고 매력적이기도 하답니다. 당신은 만화책에 나오는 슈퍼히어로의 힘을 가지고 인생을 살아갑니다.

> 당신이 아는 사람은 모두 엄청난 힘과 속도, 민첩함을 가지고 있어요.

더 강하게, 더 빠르게, 더 좋게

당신이 진짜로 블랙팬서나 아이언맨, 원더우먼, 슈퍼맨이 될 수 있을까요? 오늘날 높은 빌딩(또는 농구대)을 단번에 뛰어넘을 수 있는 사람은 아무도 없지요. 그렇지만 기술과 의학의 발전은 놀랍고 심지어는 실현 불가능할 것 같은 초능력이 평범한 삶의 일부가 되는 미래로 우리를 데려다 줄 수도 있어요. 초능력이 있는 미래로 가는 길 중 하나는 기계 분야에요. 아이언맨의 로봇 슈트처럼, 특수한 옷이나 로봇으로 된 신체 부위는 언젠가 사람에게 엄청난 견고함과 속도, 힘을 줄지도 모릅니다.

오늘날 이미 많은 스포츠 스타가 특수한 장비에서 더 많은 힘을 얻고 있어요. 예를 들면 용수철처럼 강한 탄력이 있는 밑창을 가진 신발은 달리기 선수가 더욱 빨리 달릴 수 있게 도와줘요. 2019년, 엘리우드 킵초게는 2시간도 걸리지 않고 마라톤을 완주했는데, 이는 세계 최초였고 놀라운 성과였어요. 킵초게 선수가 신었던 특별한 신발이 그를 밀어준 덕분에, 다른 방법을 쓰는 것보다 더 빠르게 달릴 수 있었던 거예요. 그전의 2008년과 2009년에는 전신을 덮는 '슈퍼 슈트(super-suit, 마이클 펠프스가 입고 세계 기록을 깨서 유명해진 전신 수영복으로, 물속에서의 부력을 높이고 표면 저항을 줄여 준다. 지금은 경기에서 착용이 금지되었다.)'가 수영 선수들이 100개 이상의 세계 기록을 깰 수 있도록 도왔습니다.

그 밖의 기술은 몸 일부를 바꾸거나 고칩니다. 이미, 신체 일부가 없거나 더 이상 작동하지 않는 사람들은 로봇으로 된 팔이나 다리, 손, 발을 사용할 수 있어요. 기계로 만든 신체 부위도 똑같이 보거나 듣는 것을 도울 수 있답니다. 기계 달팽이관 이식은 소리를 뇌에 직접 전달해 줍니다. 이러한 기계 신체 부위는 굉장한 기술이지만, 생물학적인 신체 부위가 할 수 있는 모든 것을 다 하지는 못해요. 그래도 로봇 기술이 발달함에 따라 기계 신체 부위는 사람에게 대단한 능력을 줄 수 있습니다.

기계 신체 부위는 사람에게 대단한 능력을 줄 수 있습니다.

공상 과학 소설에서 종종 생물학적 신체와 기계적인 신체 부위를 모두 가지고 있는 사람이나 동물을 가리켜 사이보그라고 하지요. 미래에는 사이보그가 새로운 종류의 음악과 미술을 만들 수도 있어요. 추가된 손가락을 가지고 기타나 피아노를 연주한다고 생각해 보세요. 인간의 눈으로는 볼 수 없는 색깔을 보거나, 인간의 귀로는 평소에 들을 수 없는 소리를 듣는다고 상상해 봅시다. 사이보그는 새로운 종류의 모험을 경험할 수도 있어요. 사람들은 이미 등산, 스키, 스케이트, 하이킹을 위해 특별한 신발을 신고 다닙니다. 하지만 만약 당신이 다리나 발, 손을 바꿔버린다면, 당신은 몸을 작동하는 방법 전체를 다시 설계할 수 있답니다.

매사추세츠공과대학(MIT)의 엔지니어인 휴 허는 사이보그 팔다리의 개척자 중 한 사람이에요. 허는 십 대 때 등산 사고로 무릎 아래의 다리를 잃었어요. 사고 후 몇 달이 지나고 그는 의족을 서툴게 고치기 시작했습니다. 그는 의족이 사람의 다리처럼 보일 필요가 없다는 걸 깨달았고 그래서 등산하는 데 완벽한 새로운 형태를 디자인했어요. 그는 작은 발 디딤판 위에서도 더 쉽게 균형을 잡을 수 있도록 발을 오므렸습니다. 바위틈을 움켜쥘 수 있도록 발가락에 날을 추가했고, 멀리 떨어져 있는 발 디딤판에도 닿을 수 있도록 다리를 길게 늘였습니다. 그리고 그 다리를 극도로 가볍게 만들었는데, 이는 그가 덩치가 큰 사람의 다리보다 그의 몸이 가진 무게를 옮기기가 더욱 쉽다는 뜻이 되지요. "이를 통해 나는 더 강해지고 나아져서 나의 스포츠로 돌아온 겁니다."라고 허는 말했습니다.

곡선으로 된 날은 보통 한쪽이나 양쪽 다리 또는 발을 잃고서 달리거나 점프를 하는 사람을 밀어 줍니다. 2018년 독일의 육상 선수 마르쿠스 렘은 다리의 날로 멀리뛰기를 해서 이례적으로 8.48미터를 뛰었습니다. 픽업트럭 하나의 길이를 분명히 넘고도 남을 거리지요. 이 굉장한 점프는 2016년 하계 올림픽에서 미국의 제프 헨더슨이 두 다리로 뛰어서 금메달을 딴 거리를 이겼고, 장애인 육상에서 기록을 세웠습니다. 날이 있는 다리를 사용하는 몇몇 달리기 선수는 사람의 다리로 달리는 선수들이 세운 기록에 가까워지고 있습니다. 날이 있는 다리가, 장애인 육상 선수들이 날이 없는 다리를 가진 사람보다 더 멀리 뛰고 더 빨리 달리도록 해 주는 걸까요? 그럴 수도 있습니다. 이런 이유로, 렘이 올림픽에 나가는 것이 허락되지 않았어요. 하지만 여전히 장애인 육상 선수들은 엄청나게 열심히 훈련해야 합니다. 날이 달린 다리가 사람을 슈퍼히어로로 만들어 주지는 않으니까요.

곤충은 외골격이라고 하는 단단한 겉껍질을 가졌어요. 엔지니어들은 옷처럼 온몸에 맞춘 로봇 슈트에 똑같은 이름을 사용해요. 언젠가 당신은 외골격 안에 뛰어 들어가 그것을 입고 더욱 빠른 속도로 움직이고 뭐든 더 큰 힘으로 들어 올리는 등 초인적인 업적을 이룰 수 있을지도 몰라요. 휴 허는 "지금으로부터 50년 후, 당신이 친구를 만나러 도시를 가로지를 때는, 바퀴가 네 개 달린 금속 상자를 타고 가지는 않을 것입니다. 당신이 터프하게 생긴 멋진 외골격 구조물을 몸에 붙이기만 하면 직접 그곳으로 달려갈 수 있을 거예요."라고 했어요.

이것이 재미있게 들릴지 모르겠지만, 오늘날의 외골격은 아이언맨처럼 멋져 보이지는 않아요. 지금은 마치 배낭이 달린 가슴 줄에 더 가까워 보이지요. 하버드대학교의 연구자인 브렌든 퀸리번은 사람이 걷거나 뛸 때 힘을 북돋는 외골격 슈트를 설계하는 것을 도왔습니다. 오늘날의 슈트는 각각 특정한 활동을 위해서 설계되었어요. 하나의 슈트로 사람이 달리는 것과 무거운 물건을 드는 것 둘 다를 할 수가 없지요. 그리고 충전도 자주 해야 하고요. 그렇지만 퀸리번은 지금부터 50년 후에 모든 일을 도와주는 아이언맨 스타일의 슈트를 만들 수 있으리라고 생각합니다.

생물학을 조작하기

미래의 사람들은 초능력을 얻으려고 기계나 옷을 입지 않을 수도 있어요. 그들은 자신의 생명 활동도 바꿀 수 있거든요. 이미 사람들은 운동이나 잘 먹고 잘 자는 식으로 그들의 신체 능력을 높일 수가 있지요. 유명한 운동선수들은 철저한 다이어트와 훈련, 식이 요법을 따르면서 신체 능력을 극도로 높입니다. 손쉬운 방법을 원하는 선수는 성과를 높이기 위해서 약에 의지하기도 하지요. 이것을 '도핑'이라고 합니다. 도핑은 부정행위 중 하나이며 불법입니다. 아직도 스포츠에 널리 퍼져 있긴 하지만요.

대부분 도핑은 몸에 호르몬을 추가하는 것입니다. 호르몬은 메시지를 보내기 위해서 몸에서 만드는 화학 물질이에요. 근육에 더욱 크고 강해지라고 말하는 일부 호르몬은 자연스러운 것이에요. 하지만 도핑은 이 호르몬을 비정상적으로 많이 늘려 몸 전체에 퍼져 나가게 하지요. 호르몬을 복용하는 선수들은 간과 심장의 손상을 비롯한 해로운 부작용이 일어날 위험을 감수해요. 스포츠 경기를 조직하고 관리하는 사람은 도핑을 방지하려고 열심히 일합니다. 그들은 도핑을 한 선수에게 경기 중단 또는 출전 금지로 벌을 줍니다. E. 파울 제르는 빅토리아대학교의 신경 과학자이고 책 《캡틴 아메리카를 추적하다 : 생명 공학과 엔지니어링, 과학의 발전이 어떻게 슈퍼맨을 만들 것인가》의 저자입니다. 그는 스포츠의 성과를 높이는 약물을 두고 '마치 아주 작은 물건을 뜯어내기 위해 거대한 망치를 사용하는 것과 같다'고 말합니다.

> 도핑은 몸에 호르몬을 추가하는 것입니다.

우리 자신을 발전시킬 더 안전하고 더 정확한 방법이 과연 있을까요? 네, 있습니다. 우리의 유전자를 바꾸면 돼요. 우리가 7장에서 배웠듯이, 유전자는 살아 있는 세포에 어떻게 자라고 무엇을 할지 말해 줍니다. 유전 공학 기술은 생명체의 발달 방식을 바꾸려고 의도적으로 유전자를 교체하지요. 이 기술은 버섯, 매머드, 사람에게도 적용됩니다. 때로 유전자에서 생긴 실수가 질병 자체를 일으키거나 질병이 생길 가능성을 높이기도 해요. 유전자 편집은 한 세포 안의 유전자에서 생긴 실수를 고칠 수 있습니다. 하지만 유전적 장애가 있는 몸은 모든 세포 하나하나의 유전자에 그 실수를 복사해요. "40조에 달하는 모든 몸 세포의 유전자를 편집할 수는 없습니다."라고 콜롬비아대학의 생화학자 새뮤엘 스턴버그는 말합니다. 다행히도, 유전적 장애는 불편한 신체 부위에만 유전자 편집을 하면 되는 경우가 많습니다.

유전자 편집을 하는 방법 중 한 가지는, 사람의 몸에서 세포를 몇 개 제거해 유전자를 편집한 다음 다시 넣는 것입니다. 그 바뀐 세포가 증식해서 늙은 세포를 대체해요. 의사는 이것을 유전자 치료라고 불러요. 그들은 이미 특정한 질병을 치료하는 데 유전자 치료를 이용하고 있어요. 모든 형태의 유전자 치료는 그것이 안전하고 효과적인지 확실히 하기 위해서 세심한 연구와 시험을 거쳐야 합니다.

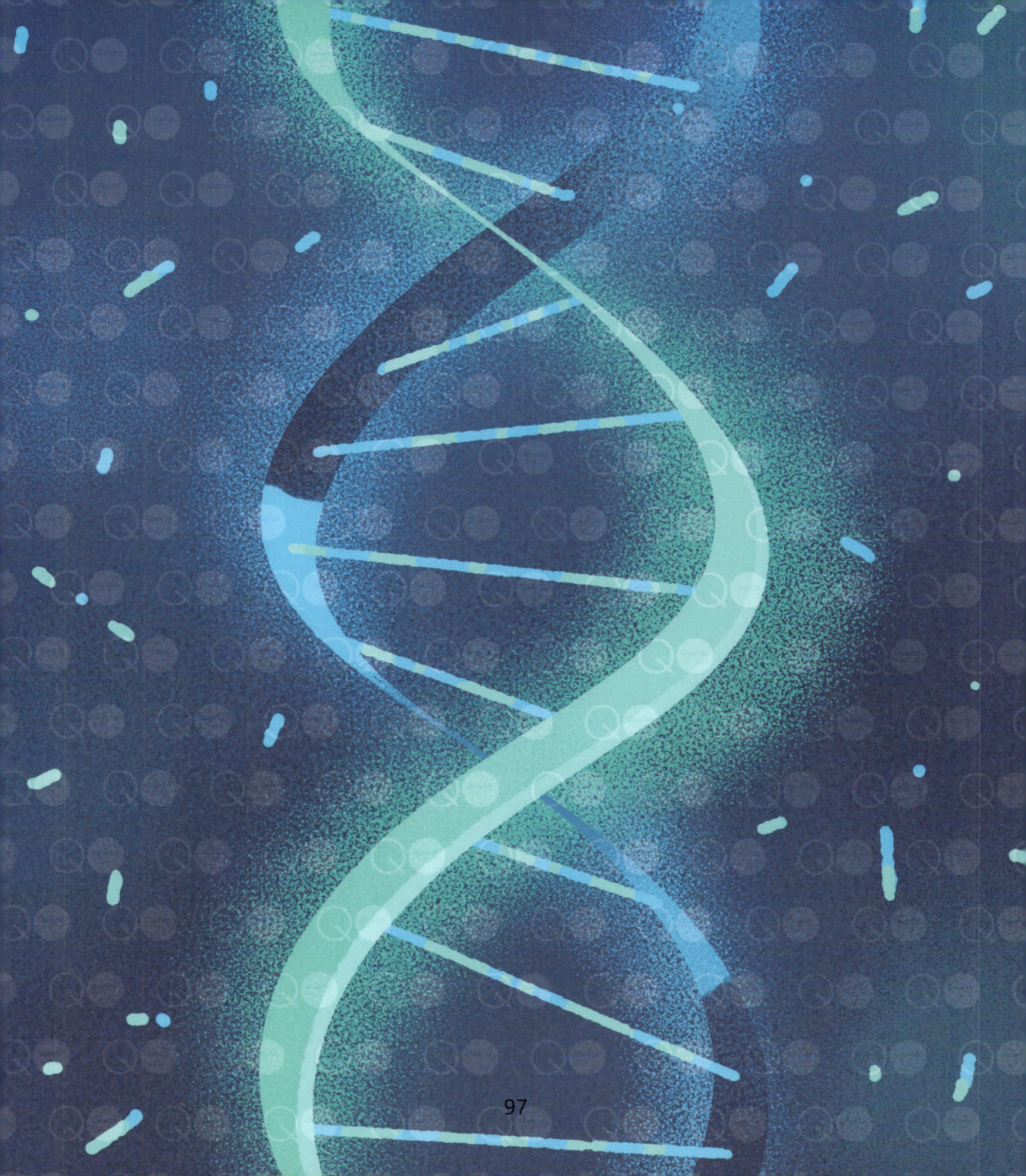

2015년에 의사들은 라일라 리처즈라는 1살짜리 아기에게 유전자 치료를 시도하는 허가를 받았어요. 그녀는 백혈병이 있었어요. 암의 한 종류지요. 의사들은 정상인 신체 세포는 내버려 두는 동시에 백혈병 세포를 찾아 파괴하기 위해서 세포를 제작했어요. 그런 다음 아기의 몸에 그 세포를 주사했습니다. 그 치료는 아기의 목숨을 구했답니다. 또 유전자 치료는 2019년에 미시시피에 사는 34세 아이 엄마인 빅토리아 그레이의 낫형세포병(돌연변이로 인해 적혈구가 원이 아닌 낫 모양이 되는 질병. 적혈구가 산소를 잘 운반하지 못해 빈혈을 일으킨다.)이라고 불리는 혈액 질환을 고쳤어요.

불을 갖고 놀기

이 사람들을 고친 것과 같은 기술이 언젠가는 우리가 아는 만큼 인간의 삶을 바꿀 수 있을 것입니다. 연구자들은 사람을 더 강하고 빠르게, 심지어 지능이 높아지게 하려고 유전자를 편집할 방법을 찾을 수 있을 거예요. 유전자 편집으로 일어난 변화 중 몇 가지는 다 자란 성인에게도 적용할 수 있을 것입니다. 하지만 유전자 변화를 몸 전체로 퍼뜨려 나가는 가장 간단한 방법은 아기로 발달하기 전 배아 상태에서 유전자 편집을 하는 거예요. 태아가 자라면서 유전자의 변화가 모든 세포에 각각 자동으로 복제될 거니까요. 비록 이런 종류의 과정은 아주 커다란 위험을 부담해야 하지만요. 만약 유전자가 편집된 아이가 자식을 가지기라도 한다면 그 아이는 유전자 변화를 물려받고 그들 아이의 아이에게로 계속 전해 주게 됩니다. 배아를 바꾸는 것이 인간 종의 전체 진화의 미래를 바꾸는 것이 될 수도 있어요!

유전자를 편집하기에 가장 좋은 도구인 크리스퍼가 유전자 코드 일부를 깨끗하게 지우고 교체할 수 있는 워드 프로세싱 프로그램이 아니라는 사실은 이러한 문제에 도움이 되지 않아요. 펜실베이니아대학교의 키란 무수누루 박사는 "저는 이것이 불과 비슷하다고 생각합니다. 만약 당신이 불을 제어할 수 있으면, 당신은 불로 음식을 익히고 따뜻하게 할 수 있어요. 하지만 잘 제어하지 못한다면, 불은 몹시 나쁜 것이 될 수 있지요."라고 설명합니다. 크리스퍼를 사용하는 것은 설명이 적힌 책의 한 단락만을 태워 없애려고 성냥을 사용하는 거라고 말할 수 있어요. 최고의 의사와 엔지니어라 해도, 그들 역시 뜻하지 않게 책의 다른 부분을 태울 수 있는 것입니다. 이는 유전자에 의도하지 않은 변화를 일으킬 수 있지요. 당신이 질병으로 이미 생명이 위험에 처한 어린이나 성인에게 유전자 치료를 하는 중이라면 이러한 위험은 받아들일 수 있는 것이 될 수도 있어요. 하지만 배아에는 아주 심각한 위험입니다.

스스로 임신하지 못하는 부모를 위해서 의사들은 이미 실험실에서 배아를 만들고 있어요. 그들은 정자와 난자를 채취해 실험실에서 수정시키고, 한 개 또는 그 이상의 배아를 엄마에게 이식시킵니다. 아직은 유전자 편집이 된 배아를 이식하기에 너무 위험하다는 데에는 거의 모든 과학자와 정부가 같은 의견입니다. 하지만 중국의 과학자 허 지안쿠이는 그럼에도 배아 이식을 시도했고 전 세계의 분노를 불러일으켰습니다. 그는 에이즈 바이러스에 저항성을 더하는 것이 목표였는데, 그가 편집한 유전자는 계획대로 작동하지는 않았어요. "그 유전자 편집은 거칠었고, 통제되지 않았습니다. 한마디로 재앙이었지요."라고 무수누루는 말합니다. 지안쿠이의 실험으로 2018년 10월에 루루와 나나라는 별명이 붙은 쌍둥이 여자아이가 태어났어요. 지안쿠이는 감옥에 갔지만 이미 아이들의 유전자는 훼손되어 있었지요. 이 실험 때문에 그 쌍둥이 또는 그들의 자손이 고통을 겪게 될지 아닌지는 아직 알려지지 않았어요. 하지만 그럴 가능성은 있고, 그 위험은 애초에 감수할 필요가 없는 것이었습니다.

아직은 유전자 편집이 된 배아를 이식하기에 너무 위험합니다.

디자이너 베이비

과학자들은 배아에서 유전자를 편집할 더 안전하고 더 통제된 방법을 찾을 거예요. 이러한 방법이 실제로 이루어진다면, 유전자 편집은 목숨을 앗아가는 질병을 물려받거나 고통스러운 상황에 빠지지 않게끔 아이들을 보호할 수 있습니다. 이는 고통을 막아 주는 일이 될 거예요. 그렇지만 어떤 유전자 편집이 의학적으로 필요하고 어떤 것은 그렇지 않은지를 어떻게 구별할 수 있을까요? 그 예로, 2019년에 한 러시아 부부가 앞으로 자신이 낳을 아이가 딸이든 아들이든 간에 난청이나 청력 상실을 일으키는 두 개의 유전자 복제를 물려줄 수밖에 없다는 사실을 알게 되었습니다. 부부는 소리를 들을 수 있는 아이를 갖게 하려고 유전자 편집을 사용할지를 고민하고 있었어요. 과정이 안전하다면, 그런 선택을 하는 것은 이 부부에게 합당해 보이지요. 그렇지만 이미 많은 청각 장애인이 그들의 고유한 언어와 문화 속에서 잘 살아가고 있습니다. 어떤 청각 장애인은 달팽이관 이식을 거부했어요. 청력이 없는 것을 고쳐야 할 것이라고 느끼지 않기 때문이에요. 유전자 편집은 그들의 문화에 또 다른 위협이 됩니다.

> 어떤 유전자 편집이 의학적으로 필요하고 어떤 것은 그렇지 않은지를 우리가 어떻게 구별할 수 있을까요?

시각 장애인, 자폐나 학습 장애가 있는 사람도 이를 고칠 필요를 느끼지 못할 수 있어요. 누군가를 특이한 사람이 되게 한 바로 그 사실이, 그 사람으로 하여금 독특한 방식으로 사회에 기여하게 하는 경우가 많습니다. 일부 시각 장애인은 반향 위치 측정(음파로 위치를 아는 방법으로, 돌고래, 박쥐와 같은 동물들도 사용하는 감각이다.)으로 길을 찾는 방법을 배우고 있어요. 자폐가 있는 사람 중 몇몇은 뛰어난 음악가나 수학자이지요. 미래의 부모님이 이런 상황을 피하는 선택을 할 수 있다면 우리는 다채로움이 줄어든 세상, 혹은 '평범하다'고 여겨지지 않는 사람을 괴롭히는 게 오늘날보다 훨씬 널리 퍼진 세상에 놓이게 될 거예요.

　　공상 과학 소설의 작가들은 머리카락과 눈의 색깔부터 지능과 운동 능력에 이르기까지, 아이가 가지고 있었으면 하는 형질을 모두 부모님이 선택하는 미래를 상상해 왔어요. 심지어 부모님은 아주 좋은 시력이나 청력, 초인적인 힘과 같이 자연적으로는 생기지 않는 형질을 선택할 수도 있을 거예요. 그러나 과학자들은 아직 지능이나 운동 능력, 다른 대부분의 인격적인 형질을 어떻게 편집해 내는지 알지 못하지요. "우리는 그러한 것을 할 수 있는 경지에 하나도 가까워지지 않았어요."라고 무수누루는 말합니다. 운동 능력 같은 것은 수백, 심지어 수천 개의 유전자의 상호 작용에서 오는 것입니다. 게다가, 사람은 훈련을 통해 유전자를 어떻게 끄고 켤지 후천적으로 바뀌기도 해요. 따라서 유전자 편집으로 음악과 운동, 미술, 수학을 잘하는 아이를 만들려는 것은 절대로 가능하지 않을 거예요.

　　그렇지만 과학자들은 특정한 형질을 주는 몇 가지 간단한 유전적 변화를 이미 알고 있어요. 예를 들어 한 동물의 배아 세포에서 특정 유전자를 삭제하면 일반적인 동물보다 근육이 훨씬 커다랗게 발달해요. 과학자들은 이렇게 유전자를 편집해 소, 돼지와 양을 네 발 달린 보디빌더처럼 보이게 만들었지요. 이 유전자 편집은 사람에게도 작동할 거예요. 그렇지만 현재로서는 연구자들은 질병과 고통을 막는 유전자 편집에만 집중하고 있지요.

새로운 인류를 만드는 것

머지않아 사회는 의학적 목적에 도움이 되지 않는 유전자와 로봇 기술 향상에 대해 어려운 결정을 내려야만 할 거예요. 우리는 그것을 불법화해야 할까요? 허용해야 할까요? 환영해야 할까요? 우리 몸과 마음이 더 나아지도록 애써야 하는 것은 분명해 보입니다. 그렇지만 사람들은 인류를 '나아지게' 한다는 목적을 가지고 아주 악한 일을 해 왔어요. 우생학은 특정한 형질을 인간 종족에서 제거하기 위해서 일부 사람이 아기를 갖는 것을 막는 충격적인 학문입니다. 우생학은 흑인, 정신 질환이 있는 사람과 같은, 다른 집단을 반대하는 무기로 사용됐어요. 우리는 이 역사를 잊지 말아야 합니다.

> 그렇지만 사람은 인류를 '나아지게' 한다는 목적을 가지고 아주 악한 일을 해 왔어요.

모든 사람이 향상 기술을 이용할 수 없다는 것도 기억해야 할 중요한 사실입니다. 기술 발전 초기에는 특히 그렇지요. 대개 새로운 기술은 아주 비싼데, 그 말은 돈이 많고 힘이 있는 사람만 그것을 이용할 형편이 된다는 뜻이에요. 이미 세상은 불공평합니다. 부유한 사람들이 더 좋은 건강 관리, 더 좋은 집, 더 많은 에너지와 더 많은 기회를 얻어요. 향상된 유전자는 그들에게 또 다른 이점을 주게 되고 이는 공평하지 않아요. 사실상 속임수와 다를 바 없지요. 운동 경기에서 우리는 좋아하는 선수가 최고가 되기 위해 손쉬운 방법을 택하지 않고 열심히 노력하기를 기대합니다. 또한 사업가, 예술가, 대학생, 넓게는 타인에게도 같은 기대를 하게 되지 않을까요? 로렌스 프로그레이스는 사람이 초능력을 갖는 미래를 기대하지 않을 거라 예상합니다. 그는 '사람은 그것이 우리 모두를 더욱 불평등하게 만들 것으로 생각한다.'라고 했어요.

그래도 인류의 향상 기술에 대한 몇 가지 좋은 의견도 있어요. 유전자에 든 질병에 저항하는 특별 명령 덕분에 사람들이 절대 아프지 않을 날이 올 거예요. 구조 대원과 소방관들이 초인적인 속도로 움직이고 무거운 잔해를 들어 올리거나 위험한 상황을 견딜 수 있게 된다면 더 많은 사람을 구할 수 있을 것입니다. 의사들이 초인적인 시력을 가졌거나 응급 상황을 위해 항상 깨어 있을 수 있다면 더 많은 사람을 도울 수 있어요. 우주인들이 방사선과 낮은 중력을 견디거나 다른 대기에서도 숨을 쉴 수 있다면 더 멀리까지도 탐험할 수 있을 것입니다. 이런 종류의 향상이 존재한다면, 어떤 사람들은 다른 사람보다 유리해지기 위해서 그것을 사용할 수도 있어요. 하지만 우리가 인간을 더 건강하고 유능하게 만들어 주는 기술을 가졌는데, 누군가 그것을 남용한다는 이유만으로 그 기술을 세상에서 억누르는 것이 오히려 잘못된 게 아닐까요?

하지만 결국, 향상 기술은 그 누구도 완벽한 사람으로 바꿔주지 못해요. '이상적인 사람은 존재하지 않습니다.'라고 프로그레이스는 말해요. '우리는 모두 더 좋은 사람이 되려고 애쓰고 있어요.' 그리고 친절함, 이해심과 공감을 비롯해 우리가 얻으려고 노력하는 것은 경험을 통해 배워야만 하는 속성이지요. 누군가의 유전자에 그런 것을 프로그래밍하기란 불가능할 것입니다. 또한 고칠 필요가 없는 것을 고치려고 하는 것 역시 조심해야 합니다. 인류의 놀라운 점 중 하나는 모두가 얼마나 다채로운지에 있어요.

9. 생각하는 대로

당신은 집에서 놀다가 심심해해요.
당신의 친구가 바쁠지 궁금해지는군요.
친구네에는 수영장이 있고요. 숨이 턱턱 막히게 더운 날이에요.

그 생각이 머릿속을 스치자, 당신이 친구에게 보내려고 준비한 메시지가 반복해서 머릿속에 떠오릅니다. '나 심심해. 수영하러 갈래?' 당신이 '보내기' 낱말을 떠올리면 메시지가 갑니다. 잠시 후 당신은 답장이 왔다는 소리를 들었어요. 당신이 '열기'라는 단어를 떠올리자 머릿속에 답장이 들립니다. '좋아, 어서 와.'

당신은 텔레파시 능력을 갖고 있어요. 그것은 당신을 그저 친구뿐만이 아니라 아주 많은 것과 연결합니다. 당신은 사물 간 인터넷 전체와 연결되어 있습니다. 당신의 집은 당신의 정신적 대화를 듣고 있어요. 그 응답으로, 집은 당신 앞에 있는 공간에 몇 가지 수영복 선택지를 보여 줍니다. 당신이 한 수영복을 흘깃 쳐다보자, 당신의 옷장이 여행용으로 포장한 수건과 수영복을 토해냅니다. 당신의 머릿속 목소리는 자동차가 가까이 있고 당신을 태우려고 정차할 수 있다고 알려줍니다. 당신은 단 한 번의 생각만으로 차를 타기로 수락합니다.

> 당신은 사물 간 인터넷 전체와 연결되어 있습니다.

또한 당신은 인류의 지식과 경험, 기억이 담긴 방대한 비밀 보물 창고와도 연결되어 있어요. 지능적 검색 엔진 덕분에 당신이 알고 싶어 하는 것이라면 어떤 사실이라도 즉시 머리에 들어옵니다. 또한 어떤 일이 일어날 때의 경험을 녹화하고 언제든지 다시 볼 수도 있답니다. 차를 타고 오는 동안 당신은 눈을 감고 '수영장에서 제일 재미있었던 기억을 재생해 줘'라고 머릿속으로 생각하면, 수영장에 있는 오리 몇 마리가 보이고 친구의 개가 오리를 잡으려 하는 것을 보게 됩니다. 심지어 당신은 이 일이 있었을 때 거기 있지 않았지만, 당신의 친구가 그것을 녹화했기 때문에 당신도 경험할 수 있는 거지요.

이제 당신의 마음은 어떤 기술과도 직접 연결되고 당신은 뇌의 용량을 훨씬 넘어서는 지식에 접근할 수가 있어요. 당신은 신체의 물리적인 한계를 훨씬 넘어 사물을 경험하고 손 하나 까딱하지 않고서도 세상에 영향을 끼칠 수 있습니다. 당신이 해야 할 일은 생각하는 것이 전부지요.

뇌 속에서 튀는 불꽃

이 시나리오가 실현될 가능성은 얼마나 있을까요? 놀랍게도, 당신은 이미 뇌-컴퓨터 인터페이스(BCI, brain-computer interface)라고 하는 것 덕분에 마음속으로 기술을 제어할 수 있어요. 2009년에 이모티브와 뉴로스카이는 마음으로 제어하는 게임 시스템을 출시했습니다. 2014년 브라질 월드컵에서는 두 다리가 마비된 남자가 기적적으로 시축(축구 경기의 시작을 기념하며 공을 차는 행사)을 했습니다. 그는 생각으로 제어하는 로봇 외골격을 입었습니다. 2016년에는 플로리다대학교의 학생들이 생각으로 드론을 날리는 시합을 했답니다.

> 놀랍게도, 당신은 이미 마음속으로 기술을 제어할 수 있어요.

하지만 오늘날의 뇌-컴퓨터 인터페이스는 생각을 기록이나 영상으로 바꾸지 못하고 기억을 다시 재생시키지도 못해요. "어떤 순간이라도 누군가의 생각을 읽는다는 것은 우리에게 정말, 정말 먼 이야기입니다."라고 캘리포니아대학교 버클리의 엔지니어 존 추앙은 말합니다. 그렇지만 미래에는 기술이 이 지점까지 진출할 수 있을 것입니다. 같은 학교의 신경 과학자인 잭 갈란트는 우리를 가로막고 있는 커다란 문제가 하나 있다고 말해요. 그는 "우리는 뇌를 있는 그대로 측정할 수가 없어요."라고 말합니다.

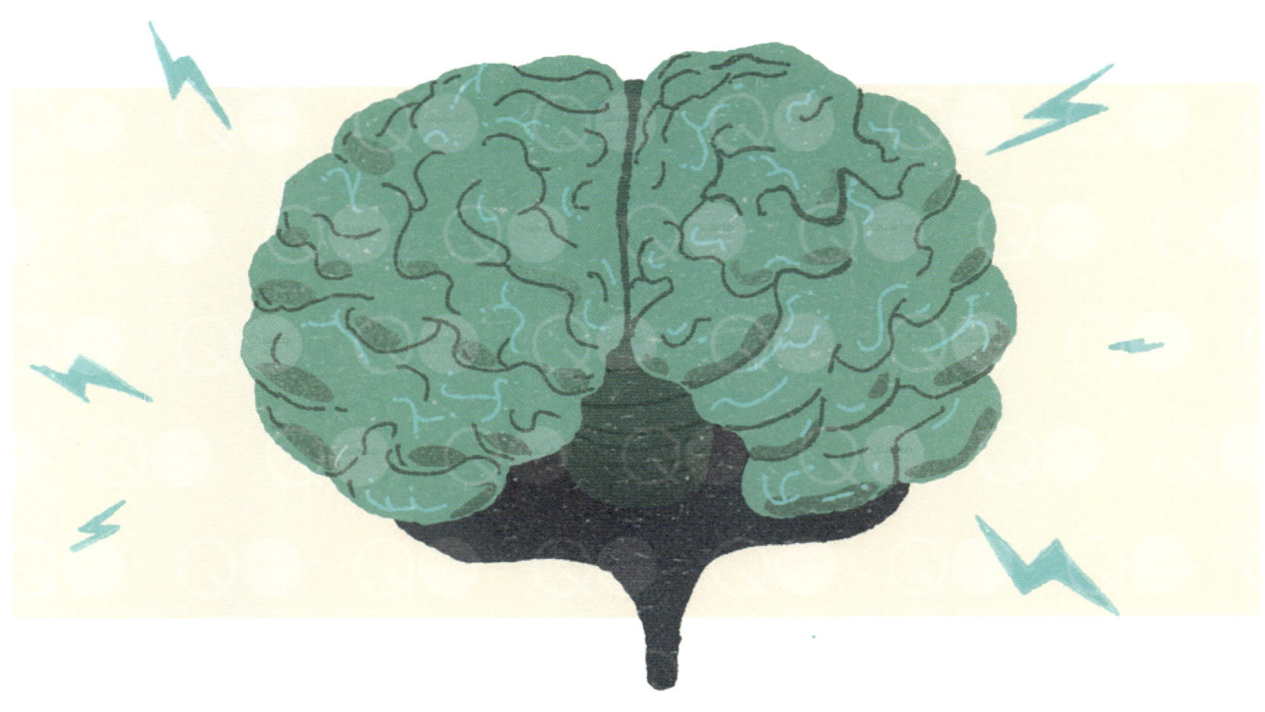

마음으로 제어하는 기술을 이해하려면, 우선 당신은 뇌가 어떻게 일하는지에 대해 좀 알아야 해요. 당신의 두개골 속 회색 물질 덩어리에는 뉴런이라고 하는 수천억 개의 세포가 있어요. 세포 하나하나는 전기 불꽃을 일으키거나 전송하는 능력을 갖고 있지요. 그 불꽃은 수백 개, 심지어는 수천 개의 다른 뉴런에 도착할 거예요. 반응에 따라 뉴런은 저마다 작동하기도 하고 안 하기도 해요. 뉴런이 작동하는 복잡한 패턴이 당신의 생각, 감정, 움직임, 신체적 감각을 전부 만들어요(이들은 숨을 쉬거나 혈액을 몸 전체에 계속 흐르게 하는 것과 같이 당신이 그다지 인지하지 못하는 자동적인 과정도 관리합니다). 또, 당신의 뇌는 패턴이 일정해요. 당신이 오른손을 들 때마다, 뉴런 다발은 거의 같은 방식으로 작동해요. 당신이 사과를 보면 그때마다 다른 뉴런 무리가 작동하지요. 그래서 만약 과학자가 당신의 뉴런이 작동하는 패턴을 잡아내서 특정한 행동(또는 그림이나 단어, 이해하고 싶은 어떤 것이든지)과 그 패턴을 짝지을 수 있다면, 그들은 당신의 마음을 읽을 수 있게 되는 거예요. 간단해 보인다고요? 그렇지는 않아요.

진짜 텔레파시

오늘날 사용이 가능한 장치는 특정한 생각이나 감각을 만드는데 작동하는 뉴런 집단을 감지할 수 없어요.

오늘날 이모티브, 뉴로스카이, 이와 비슷한 사용 가능한 장치는 특정한 생각이나 감각을 만드는데 작동하는 뉴런 집단을 감지할 수 없어요. 왜 그럴까요? 그건 장치가 뉴런과 충분히 가깝지 않아서예요. 그 장치는 전극이라고 하는 작은 금속 센서를 통해 두개골 바깥쪽에서 뇌의 활동을 읽습니다. 전극은 모자나 머리띠, 이어폰의 안쪽에 자리 잡고 있어요. 장치는 거기서 뇌파라고 하는 뇌 속 수많은 뉴런의 연합 활동을 포착할 수 있습니다.

뇌파를 추적하는 뇌-컴퓨터 인터페이스는 당신이 깨어 있는지, 자고 있는지, 당신의 마음이 침착한지, 스트레스를 받는지 아닌지 알려줄 수 있어요. 또한 특정한 뇌파의 패턴을 알아보도록 학습한 다음, 그 패턴을 애플리케이션이나 게임에서 실행에 옮기도록 할 수도 있습니다. 추앙은 머지않아 사람들이 비밀번호 대신 생각 인식(passthought, 비밀번호를 입력하지 않고 생각만으로 로그인할 수 있는 본인 인증 방법)을 설정할 수 있는 소프트웨어를 개발했어요. 이 시스템을 사용하려면 전극이 붙어 있는 이어폰을 낀 다음 같은 생각을 몇 번 반복하면 된답니다. 예를 들면, 당신이 머릿속으로 노래의 후렴구를 부르는 거예요. 그것을 몇 번 반복하고 나면 장치가 그 뇌파의 패턴 인식을 배웁니다. 그러고 나면 장치는 다음번에는 같은 패턴을 알아차리고 생각 인식을 받아들일 것입니다.

당신은 생각으로 제어하는 게임 시스템을 설치하려고 같은 절차를 따를 거예요. 예를 들어 점프하는 생각을 할 수 있지요. 일단 시스템이 그 생각 패턴을 인식하면, 생각하는 것만으로 게임에서 점프를 할 수 있어요. 또한 수영하는 생각도 그만큼 쉽게 할 수 있고 그 생각도 점프에 사용할 수 있지요. 게임은 그 패턴이 무슨 뜻인지는 알지 못해요. 게임은 그저 당신이 배치한 행동과 패턴을 짝지을 뿐이에요. 게다가 이러한 시스템은 당신 뇌에서 생겨나는 다른 생각과 노래를 부르거나 점프하는 생각을 구분하지 못해요. 당신이 커피를 마시거나 자전거를 타기만 했어도 그 장치는 당신의 생각을 더 이상 인식하지 못할 것입니다. 영국 에식스대학교에서 뇌-컴퓨터 인터페이스를 연구하는 엔지니어인 아나 마트란-페르난데즈는 "뇌에서 계속되는 생각은 그 무엇이라도 방해가 된다."고 말해요. 커피에서 힘을 얻어 에너지를 만들거나 운동으로 기분이 상승하는 뇌의 신호는 점프하거나 노래하는 생각 신호와 함께 뒤섞일 테니까요.

더 깊이 들여다보기

두개골 바깥쪽에서 생각을 읽으려고 하는 것은 마치 경기장 밖에서 축구 경기를 따라가는 것과 같아요.

마트란-페르난데즈는 두개골 바깥쪽에서 생각을 읽으려고 하는 것은 마치 경기장 밖에서 축구 경기를 따라가는 것과 같다고 말합니다. 당신은 관중의 반응만을 전체적으로 들을 수 있을 뿐이지요. 큰 함성이나 야유 소리가 팀이 득점했는지 아닌지에 대한 몇 가지 아이디어를 당신에게 줄 수 있겠네요. 하지만 당신은 선수를 각각 보거나 들을 수는 없어요. 그래서 당신은 실제로 경기에서 무슨 일이 벌어지고 있는지, 많은 것을 알 수가 없지요.

특정한 생각을 읽으려면 연구자들은 행동에 더욱 가까이 접근해야 해요. 시카고대학교의 신경 과학자 니콜러스 햇소풀로스는 '어떻게든 뇌로 들어가야 한다.'고 합니다. 보통 이것은 수술이 필요하다는 뜻이지요. 연구자들은 실험쥐와 들쥐, 원숭이, 심지어는 자원하는 사람의 두개골을 열어젖히고 조그마한 전극을 뇌 속에 넣어 두었어요. 이런 종류의 수술을 진행하기로 한 사람은 뇌-컴퓨터 인터페이스 기술이 치료에 도움이 될 수 있는 질병이나 장애를 가지고 있습니다.

얀 쉬어만은 이러한 지원자 중 한 명이었어요. 그녀는 목 아래로 몸이 마비되는 희귀병을 앓고 있어요. 그녀의 뇌에서 나온 신호가 팔까지 가지 않지요. 2012년에 의사들은 그녀의 뇌 속에서 운동을 제어하는 부분에 두 개의 전극을 놓았어요. 그 후, 두개골 위에 금속 기둥을 잘 보이도록 했어요. 그러자 연구자들은 움직임과 관련한 뇌 신호를 컴퓨터에 연결할 수 있게 되었어요. 연습이 필요했지만, 그녀는 로봇 팔로 충분히 초콜릿 바를 집어 들고 베어 물 수 있을 만큼 로봇 팔을 제어하는 학습을 했어요. "그건 최고의 초콜릿이었지요."라며 기억을 떠올립니다. 그녀는 그 움직임 과정을 일일이 떠올릴 필요가 없었어요. 그저 사람의 팔로 누구나 하듯이, 초콜릿으로 손을 뻗기만 하면 시스템이 반응했습니다.

우리 뇌는 몸을 제어하려고 신호를 내보내기만 하는 것이 아니에요. 뇌는 촉각과 공간에서 몸의 감각으로 변하는 신호를 받기도 한답니다. 또 다른 지원자인 스코트 임브리는 뇌의 임플란트를 통해 촉각을 처음 느낀 사람 중 하나예요. 그는 교통사고로 부분 마비를 얻었습니다. 그는 걸을 수 있고 팔과 손을 움직일 수 있지만, 움직이는 것에 한계가 있었어요. 2020년에 뇌수술을 한 후 그는 뇌에서 오른손의 촉각을 느끼는 부분에 두 개의 임플란트를 했습니다. 연구팀이 그의 엄지를 제어하는 뇌 구역에 있는 임플란트를 통해 전기를 보내자 엄지에서 찌릿함을 느꼈습니다. 다른 두 개의 임플란트로 그는 모의 실행에서 가상의 팔을 움직였어요. 그는 이를 두고 "세상에서 제일 멋진 일이었어요."라고 말했습니다. "마치 닥터 옥토퍼스(스파이더맨에 나오는 악당으로, 등에 붙은 여러 개의 기계 팔을 사용한다) 같은 느낌이었어요."

'마치 닥터 옥토퍼스 같은 느낌이었어요.'

팔다리를 잃은 사람에게 뇌수술이 항상 필요한 것은 아니에요. 뇌는 몸 전체의 신경망을 통해 신호를 주고받아요. 엔지니어들은 로봇 팔이나 다리를 사람의 뼈, 근육, 신경에 직접 연결해 이 시스템을 가로챌 수 있어요. 매트 카니는 MIT 박사과정을 공부하면서 로봇 발과 발목을 설계했습니다. 환자들은 발을 빙글빙글 돌리거나 뒤로 젖히기 위해서 뇌를 사용했어요. 다리 절단 수술을 받고 그 로봇 발을 시도한 레베카 만은 "뭐랄까, 마치 몸을 확장하는 것 같아요."라고 말합니다. 일부 사람은 이러한 장비를 이미 일상생활에서 사용하고 있어요.

마인드 무비

신경 과학자들이 캐낸 정보는 뇌의 움직임과 감각 시스템뿐만이 아닙니다. 뇌와 접속하는 의학적 임플란트는 청각 장애인과 시각 장애인에게 기본적인 청각과 시각을 회복시켜 주었어요. 또한 연구자들은 뇌의 활동을 낱말과 그림으로 번역했어요. 지난 2011년, 캘리포니아대학교 버클리의 갈란트와 그의 연구팀은 동영상을 본 사람의 뇌 활동으로부터 짧고 흐릿한 동영상을 복원했습니다. 뇌에 전극을 심지 않으려고 연구팀은 기능성 자기 공명 영상 스캐너(fMRI scanner)를 사용했어요. 이는 뇌를 통과하는 혈액의 흐름을 추적해요. 미래에는 이와 같은 실험의 결과가 날이 갈수록 선명해질 거예요.

우리가 이미 알아낸 것처럼, 모자와 머리띠로는 뇌의 아주 자세한 활동까지 포착하지는 못해요. 그리고 기능성 자기 공명 영상 장치는 스캐너 안에 꼼짝도 하지 않고 누워있어야 해서 매일 사용하기에는 적합하지 않아요. 몸에 칼을 대야 하는 임플란트는 오래가지 못할 가능성이 있어요. 그 이유는 몸에서 금속으로 된 침입자를 공격하거나 수술 부위가 감염될 수 있기 때문이에요. 쉬어만의 임플란트는 2년 뒤에 제거해야 했어요. 그런데 만약 뇌를 연결할 더 좋은 방법이 있다면 어떨까요?

만약 뇌를 연결할 더 좋은 **방법**이 있다면 어떨까요?

마찬가지로 스페이스X를 책임지고 있는 발명가 일론 머스크도 스스로에게 같은 질문을 했지요. 그러더니 그는 뉴럴링크(Neuralink)라는 또 다른 회사를 시작했어요. 머스크의 설명에 따르면, 이 회사는 '조그마한 철사가 달린 두개골 안의 핏버트(Fitbit, 스마트 워치처럼 착용하며 건강 상태를 체크하는 착용식 디바이스)같은 것'을 연구하고 있어요. 커다란 동전만 한 크기와 모양을 한 컴퓨터 칩은 두개골의 구멍에 꼭 들어맞습니다. 실처럼 가느다란 전극이 칩에서부터 뇌의 바깥쪽까지 매달려 있습니다. 칩이 가까운 컴퓨터에 무선으로 전송할 뇌의 활동을 포착하는 것이 바로 이 전극입니다. 2020년에 일론 머스크의 연구팀은 코에 신호를 포착하는 임플란트를 가진 돼지를 선보였습니다. 돼지가 쿵쿵댈 때마다 임플란트는 삐 소리를 냈지요. 하지만 이 연구팀은 이 장치가 사람이 이용하는 데 안전하다는 것을 보여 주려면 아직도 연구해야 할 것이 많습니다.

좀비를 조심해

뇌를 연결할 안전하고 효과적인 방법을 찾는다면, 이 장의 처음 부분에서 다루었던 시나리오는 가능한 일이 됩니다. 기술이나 서로에게 접속하는 데 더 이상 목소리나 손이 필요하지 않게 되는 거지요. 그렇지만 그것이 우리가 진짜 원하는 미래일까요?

8장에서 다루었듯이, 부유한 사람은 늘 새로운 기술을 먼저 이용해 왔어요. 임플란트를 한다는 것이 임플란트가 없는 사람들보다 더욱 빠르고 더욱 영리하게 일하고 생각하는 것을 뜻한다면, 사람들은 임플란트 없이 세상에서 성공을 거두기가 불가능해질 것입니다. 이것은 부자와 가난한 사람 사이의 격차를 더욱 벌어지게 할 수 있어요. 또 고민해야 하는 것은 텔레파시로 세상을 연결하는 것은 단순한 일방통행 거리 같지 않을 거라는 점이에요. 무선 장치와 소셜미디어는 이미 당신을 전 세계 누구와도 언제나 닿을 수 있게 해 주지요. 이 말은 곧 당신의 장치를 치워버리지 않는 한, 전 세계에 있는 다른 사람이 누구든지 언제나 당신에게 닿을 수 있다는 뜻이 됩니다. 광고, 문서, 웃긴 강아지 동영상, 각종 메모가 당신의 뇌에 바로 들어온다면 어떨까요? 미쳐버릴지도 모르겠죠. "저는 그런 세상에서 살고 싶지 않을 것 같네요."라고 마트란-페르디난데즈는 말합니다.

또한, 생각으로 글을 쓰거나 인터넷 검색이나 기억을 공유하게 되려면 뇌-컴퓨터 인터페이스는 생각을 읽고 쓰는 것 모두 가능해야 합니다. 사생활 침해는 인간이 지금까지 발명해 온 기술을 훨씬 넘어설 거예요.

당신은 뇌-컴퓨터 인터페이스가 어떤 생각과 기억에 접근할지를 선택할 수 있을까요? 장치를 사용하는 것이 당신의 뇌에 손상을 일으키거나 평범하게 생각하고 기억하는 능력에 방해가 될까요? 사람은 고통스러운 기억을 지우려고 스스로를 다시 프로그래밍하거나 새로운 인격을 가지려고 할 거예요. 또는 경찰이 사람의 마음을 읽고 이의를 제기하거나 범죄를 해결하는 데에 이 기술을 사용할 수 있지요. 더욱 무서운 건, 힘과 통제력을 갈망하는 사람이 다른 이의 사적인 생각과 기억을 해킹할 수 있고, 심지어는 바꿔 버

광고, 문서 등이 당신의 뇌에 바로 들어온다면 어떨까요?

려서 피해자를 세뇌된 좀비가 되게 할 수도 있다는 거예요. 이러한 일을 막기 위해서 사회는 이 기술을 어떤 용도로 허락할 것인지 결정하고, 사람의 권리를 보호하기 위한 법을 만들어야 해요.

몸이 없는 뇌

그런데 우리 뇌를 곧바로 기기에 연결할 때 가장 이상한 점은 그것이 사람다움이 무슨 뜻인지를 바꿀 수 있을 것이라는 사실이에요. 스마트폰, 스마트 워치, 태블릿은 이미 몸과 마음을 확장해 주는 역할을 하고 있어요. 당신은 길을 나서고, 사람과 대화하고, 기본적인 결정을 내리기 위해 온종일 기기에 의지하게 될 가능성이 큽니다. 하지만 오늘날의 기기는 소파 쿠션으로 들어가 잃어버릴 수도 있지요. 당신의 두개골 안에 자리 잡은 뇌-컴퓨터 인터페이스는 아마 가전제품같이 느껴지지 않을 거예요. 마치 생각의 일부처럼 느껴질 것입니다. 이제 더 이상 전화기를 갖지 않아도 돼요. 당신이 곧 전화기가 되니까요. 임브리는 그가 임플란트를 사용할 때 '마치 제3의 팔이 있는 것 같았다'고 말했답니다. 만약 우리 모두가 수많은 팔과 눈, 귀, 다른 감각을 원하는 대로, 언제나 가지고 있다면 어떨까요? 매우 다른 삶을 살게 될 거예요.

몇몇 사람은 언젠가 우리의 생각 전체를 컴퓨터 시스템에 업로드하게 될지 궁금해 합니다. 그렇게 되면 영원히 죽지 않고 가능하다면 원할 때만 몸속에 머물 수도 있거든요. 2018년의 인터뷰에서 미래 학자 레이 커즈와일은 '미래의 사람은 과거 2018년에 사람이 딱 한 개의 몸을 가지고 있었고 생각 파일을 백업할 수가 없었다는 점을 두고 꽤 원시적이었다고 생각할 것입니다.'라고 말하면서 2030년에는 이 일이 실제로 일어날 것이라고 예견했습니다. 만일 사람의 생각이 생물학적인 몸에 전혀 매여 있지 않게 된다면, 우리는 태양계와 그 너머를 더욱 쉽게 탐험할 수 있을 것입니다. 우리는 더 이상 고통이나, 나이 드는 것, 배고픔이나 질병을 견디지 않아도 됩니다. 영원히 살지도 모릅니다. 거의 신과 같은 거예요. 그런데 당신은 그것을 원하나요?

영원히 사는 것이 아주 좋은 것이 아닌 몇 가지 이유를 6장에서 살펴봤어요. 몸이 없으면 상황은 더욱 기괴해질 거예요. 당신이 로봇 센서를 통해서 세상과 교류한다고 해도 똑같지는 않을 것입니다. 삶의 기쁨은 대부분 먹고, 운동하고, 서로 끌어안고, 잠을 자고, 그 밖에도 몸이 필요로 하는 활동에서 온답니다. 이런 것이 없는 삶은 상상하기 어려워요.

우리는 생각을 완전히 업로드하는 것이 가능할지 아직 증거가 없습니다. 하지만 기술과 생각을 직접적으로 연결하는 것은 이미 있고 시간이 지나면서 발전할 거예요. 만일 뇌-컴퓨터 인터페이스가 다른 사람과 아이디어나 꿈, 기억을 곧바로 공유할 수 있는 경지까지 온다면 어떤 것이 당신이 처음 낸 아이디어인지 구분하지 못할 수도 있어요. 사람은 분명 이 힘을 남용할 거예요. 하지만 이 기술이 사람을 서로 이해하고, 세상을 전보다 더욱 완전하고 깊어지게 할 수도 있지요. 엄마와 아들이 말다툼할 동안 일시적으로 생각을 공유해서 그들이 서로의 입장을 바꾸어 생각할 수 있다고 상상해 보세요. 이러한 기술은 아마도 인류를 다투게 하는 몇 가지 문제를 없애고 모든 사람이 서로를 가깝게 여기도록 도울 거예요.

> 우리는 생각을 완전히 업로드하는 것이 가능할지 증거가 없습니다.

10. 모든 지식과 모든 마음을 연결하는 뇌

당신은 바다 위에 노을을 보면서 미소 짓고 있어요.
동시에 당신은 지구 반대편에서 강수량을 측정하고,
수천 개의 공장에서 제품을 조립하고,
해적에 대한 모험 영화를 연출하며 수많은 일을 하고 있지요.

당신이 이 모든 것을 할 수 있는 건 당신이 진짜 사람이 아니기 때문이에요. 당신은 사람의 몸을 가지고 있지만 당신의 마음은 그야말로 굉장해요. 경험과 아이디어, 지식과 이해를 공유하고 다운로드하기 위해서 당신의 뇌 속에 있는 임플란트가 끊임없이 전 세계에 있는 다른 모든 사람의 생각을 교류합니다. 또한 이 임플란트는 전 세계의 자연환경, 빌딩, 로봇과 장치에 있는 센서와 연결되어 있어요. 이러한 센서는 계속해서 데이터를 수집해서 당신이 전 세계 어디에서나 일어나는 일을 보고, 듣고, 냄새 맡고, 만져 보고, 맛보고, 기억할 수 있게 해 줍니다.

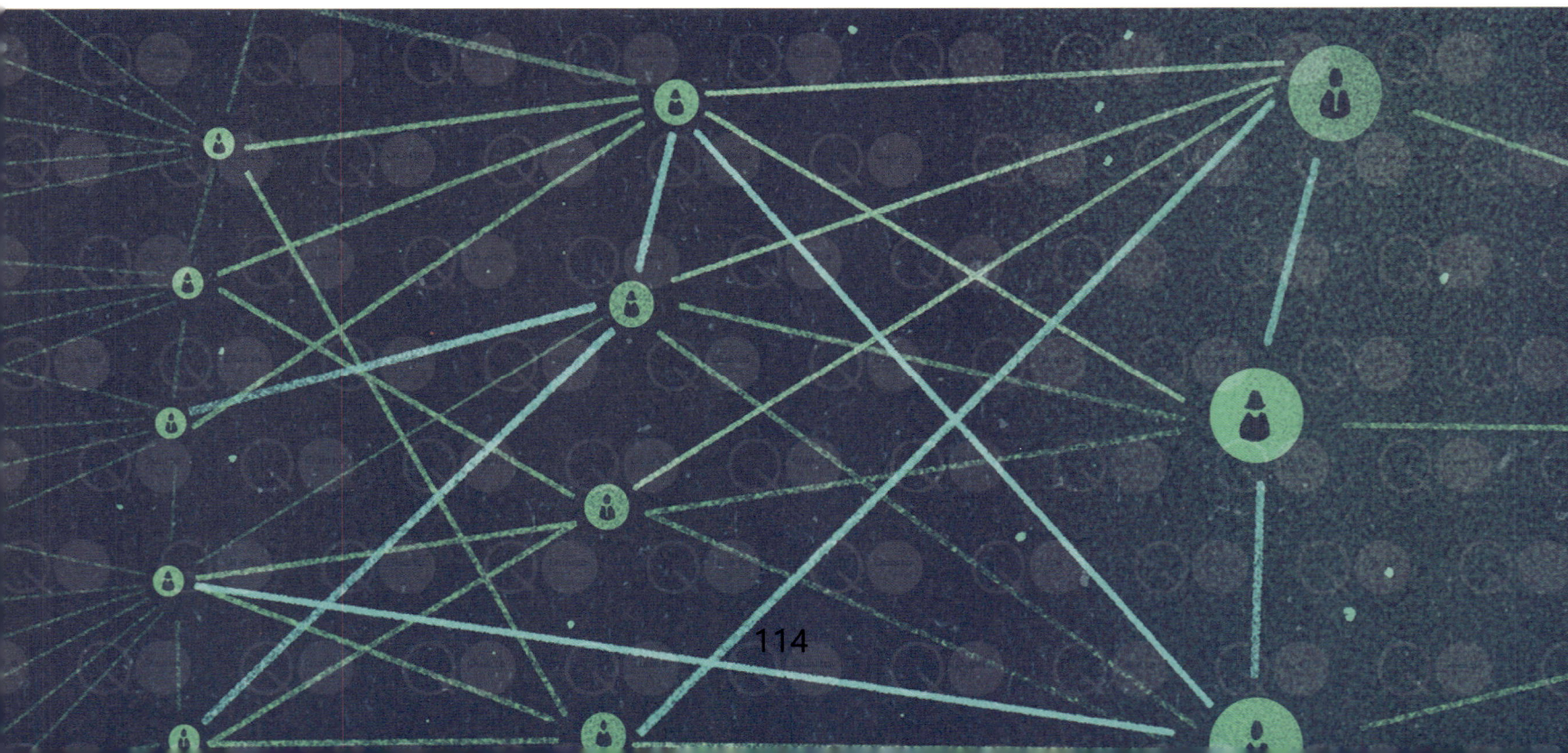

당신이 이 모든 것을 할 수 있는 건 당신이 진짜 사람이 아니기 때문이에요.

이렇게 빗발치는 정보는 인간의 보통 뇌를 압도할 거예요. 다행히도 당신의 임플란트는 모든 정보를 처리하고 저장하는 강력한 슈퍼컴퓨터에도 연결되어 있지요. 뇌와 센서, 컴퓨터의 이 광범위한 상호 연결 시스템은 믿기 어려운 지능과 힘을 가지고 있어요. 게다가, 그 시스템은 계속 학습해서 스스로를 발달시키고 시간이 갈수록 더욱 똑똑해지고 있답니다. 그것은 평범한 한 사람이 경험해 볼 수 있는 그 어떤 것과도 다른 의식을 가진 새로운 정신이 되었어요. 당신의 몸과 뇌는 월드 마인드라고 알려진 것의 그저 작은 한 부분에 불과합니다.

매일 매일, 월드 마인드는 새로운 발명품을 대량으로 만들어 내요. 그것은 질병을 고치고, 물건을 새롭게 만드는 방법을 발견하고, 새 로봇과 다른 기계를 만들어요. 심지어 새로운 형태의 미술, 음악, 드라마, 스포츠도 창조하지요. 또한 기후 변화도 천천히 역행시켜서 지구가 환경적인 재난에서부터 멀찍이 물러나게 해 주었습니다. 당신이 보고 있는 바다는 다시금 빙하와 풍요로운 바다 생물로 가득 차 있어요. 월드 마인드는 세상의 모든 동식물을 보호하고 식량과 옷, 보금자리를 만들어 나누어줄 방법을 찾아낸 덕분에 아무도 가난을 겪지 않아요. 그리고 은하계를 탐험할 여행용 우주선을 만들고 발사했어요. 모든 사람이 평화로울 수 있도록 사회와 정부도 세웠어요. 전쟁은 먼 과거의 이야기예요. 월드 마인드는 초지능이에요. 이는 평범한 인간의 뇌 능력을 엄청나게 능가하는 인공 지능(AI)의 한 형태지요.

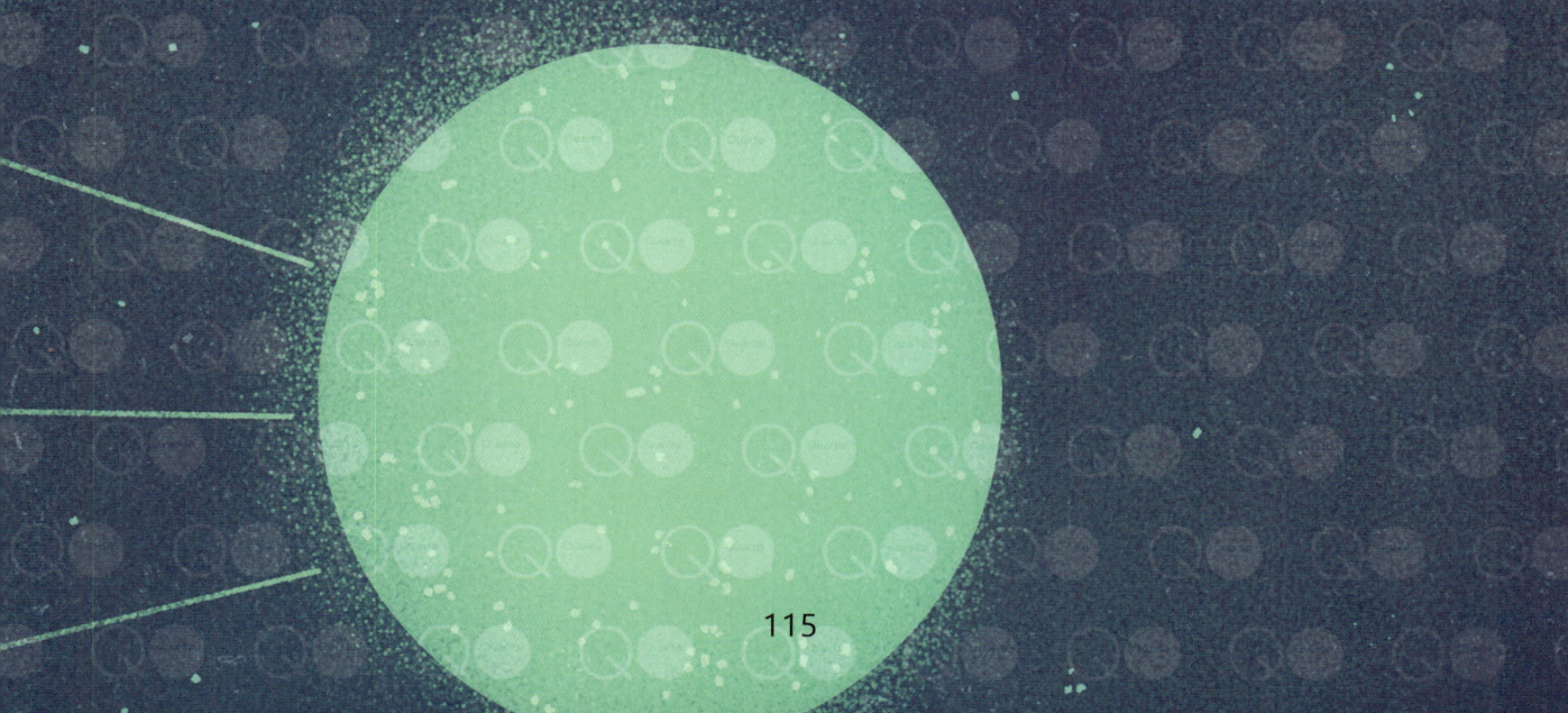

특이점

월드 마인드와 같은 초지능은 우리가 집이라고 부르는 지구(또는 행성)와 인류를 급격하게 바꿀 거예요. 이러한 미래에, 당신에게는 다른 사람과 구별되는 자의식과 목적이 있을까요? 아니면 당신은 모든 것을 운영하는 강력한 기계의 톱니 하나가 될까요? 그걸 아는 사람은 아무도 없어요. 미래 학자들은 월드 마인드 같은 기술이 다가오는 것에 특이점(인공 지능이 인간을 넘어서는 시점, 다른 수학적, 물리적 분야와 구별하기 위해 기술적 특이점이라고도 한다.)이라는 특별한 이름을 지었어요. 특이점은 모든 것을 급속하게 바꾸는 일이어서 그 지점 너머의 삶이 어떨지는 지금으로선 알 수가 없습니다.

유명한 컴퓨터 과학자인 레이 커즈와일은 기술적 특이점이 오면 사람은 자신이 가진 초지능 기계와 합쳐져서 컴퓨터-인간 하이브리드나 심지어 몸 없는 정신이 될 거라고 상상했어요. 우리가 9장에서 다루었던 것처럼 말이에요. 당신이 어떻게 바라보는지에 따라 이것은 인간의 생명을 연장하는 것일 수도 있고, 인류의 새롭고 발전된 형태의 시작을 나타내는 것일 수 있습니다. 커즈와일은 기술적 특이점이 2045년까지 일어날 것으로 생각하지만, 그의 의견은 극단적인 관점이에요. 대부분의 인공 지능 연구자는 기술적 특이점이 초지능을 만들어 낼 수 있으려면(또는 초지능이 되려면) 수십 년, 수 세기, 심지어 그보다 더 오래 걸릴 수 있다고 생각해요. 우리가 결코 해낼 수 없다고 생각하는 사람도 일부 있답니다.

그럼에도 인간과 기계는 이미 지능을 높이기 위해서 힘을 합치고 있어요. 우리는 어디서나 휴대폰, 태블릿, 스마트 워치를 지니고 다니며 머리맡에 두고 같이 잠을 자요. "이러한 기기는 아직 우리의 몸과 뇌 속에 있지는 않지만, 아무래도 머지않아 그렇게 될 것입니다."라고 커즈와일은 말합니다. "우리는 그 기계 없이 집을 나설 용기가 없기 때문이지요. 그야말로 우리 정신을 연장하는 것입니다." 애플리케이션과 인터넷은 우리에게 완벽에 가까운 지도, 날씨에 대한 정보를 비롯한 많은 것을 해 줍니다. 때로 사람은 인터넷이 끊기기 전까지는 인터넷 접속에 대해 많은 것을 생각하지 않는 경우가 있지요. 전기처럼, 이는 우리가 어디를 가든지 항상 거기 있어야 하는 것이에요. 국제연합(UN)에 따르면 인터넷 접속은 인간의 기본권입니다.

> 인간과 기계는 이미 힘을 합치고 있어요.

지금까지 인간은 엄청난 속도로 데이터를 만들고 모으고 있어요. 2020년 초, 모든 컴퓨터에 든 데이터의 바이트 수는 우주에서 관측할 수 있는 별의 수보다 40배나 많다고 추정됩니다. 그리고 우리는 매일 100경에 달하는 바이트를 만들어 내요. 그렇지만 이 데이터는 우리가 지혜롭게 사용할 때만 도움이 됩니다. 현대 사회에서의 지능은 문제를 해결하거나 실행에 옮겨서 정보에 반응하는 능력입니다. 알고리즘 또는 모델이라고 불리는 컴퓨터 프로그램은 인간의 뇌보다 훨씬 빠르고 효과적으로 데이터를 처리해 냅니다. 인공 지능 모델은 데이터를 기초로 결정을 내리거나 행동합니다. 오늘날 인공 지능 모델은 자동차를 운전하고, 검색 결과를 내어 주고, 질병을 진단하고, 언어를 번역하는 등 많은 것을 합니다. 지금 인공 지능은 얼마나 똑똑할까요? 과연 인공 지능은 인간보다 훨씬 더 똑똑해질 수 있을까요?

컴퓨터 주인님

과연 인공 지능은 인간보다 훨씬 더 똑똑해질 수 있을까요?

인공 지능은 크게 발전해 왔어요. 1950년대에 큰 방만한 크기의 컴퓨터는 1초에 몇 천 개의 명령을 처리했었지요. 오늘날, 애플 바이오닉 휴대폰은 당신의 주머니에 쏙 들어가며 1초에 5조 개의 명령을 처리합니다. 컴퓨터의 용량과 속도가 증가하면서, 연구자들은 점점 스마트한 프로그램을 개발해요. 일부는 특정한 업무에서 인간의 능력을 능가합니다. 1997년, IBM의 슈퍼컴퓨터 딥 블루는 인간 체스 챔피언인 가리 카스파로프를 패배시켰습니다. 2011년, 왓슨이라는 또 다른 컴퓨터는 <제퍼디!(Jeopardy!, 미국 NBC 방송의 장수 퀴즈쇼)> 퀴즈 프로에서 우승했어요. 2017년 구글의 인공 지능 회사인 딥마인드에서 개발한 인공 지능 모델인 알파고는 바둑이라는 게임을 정복했지요. (바둑은 체스와 같은 전략 게임이에요. 하지만 차례가 돌아올 때마다 가능한 이동 경로의 수가 훨씬 많습니다.)

인공 지능에게 이것은 모두 흥미진진한 순간이었어요. 퀴즈쇼 <제퍼디!>에서 왓슨에게 패배한 후에 켄 제닝스는 이런 말을 했어요. "다른 사람은 몰라도 나는, 우리의 새 컴퓨터 주인님을 환영한다."라고 말이에요. 이건 농담이었으니까 걱정하지 마세요. 컴퓨터는 많은 정보를 저장하고 빠르게 처리하는 것에 매우 뛰어나요. 그렇지만 여전히 인간 지능의 중요한 구성 요소인 '이해'를 놓치고 있어요. 인공 지능 모델은 아직도 명령을 따르는 프로그램입니다. 토스터가 갑자기 빵을 데우지 않고 얼리기를 결정할 수 없듯이, 왓슨은 인간에게서 등을 돌려 주인님이 될 수 없습니다.

알파고는 구글 딥마인드(DeepMind)가 개발한 인공 지능 바둑 프로그램입니다. 알파고(AlphaGo)의 고(Go)는 바둑을 뜻해요. 딥마인드는 구글이 2014년 인수한 인공 지능 관련 기업으로 머신 러닝 등의 기술을 사용해 학습 알고리즘을 만들어요. 2016년 3월 9일부터 15일까지 서울에서 이세돌 9단과 알파고의 대국이 진행되었는데 총 5국으로 치러진 경기에서 알파고는 4승 1패로 승리합니다. 이세돌 9단은 4국에서 한 번 승리했으며 1~3국과 5국에서는 알파고가 승리를 거두었어요.

짐승 같은 힘

오늘날 우리가 가지고 있는 왓슨을 비롯한 다른 모든 지능적 시스템은 좁은 인공 지능<(narrow AI), 약한 인공 지능(Weak AI)이라고도 하며, 반대되는 개념은 일반 인공 지능(General AI)이다.>의 예시예요. 이런 종류의 기술은 한 가지 일만 할 수 있고, 이따금 아주 특별한 상황에서만 일을 한답니다. 임무를 완수하기 위해서 짐승 같은 메모리와 속도의 힘을 사용해요. 딥 블루는 승리로 이어질 가능성이 가장 높은 움직임을 검색하면서, 체스판에서 200억에서 400억 개에 달하는 가능한 경우의 수를 조사했어요. 왓슨은 재빨리 백과사전과 위키피디아 화면, 다른 참고 자료를 샅샅이 뒤졌지요. 약 백 만권의 책과 같은 양이에요! 그런 다음 왓슨은 어떤 낱말과 문구가 질문에 가장 적당한 답이 될 것 같은지를 계산했습니다. 알파고는 이기는 방법을 배우기 위해서 스스로 거의 5백만 번의 바둑 경기를 했답니다.

알파고의 성공은 딥 러닝이라고 하는 새로운 인공 지능 기술에 의존한 것입니다. 딥 러닝(deep learning)은 컴퓨터가 무엇이든 깊게(deep) 이해한다(learning)는 뜻이 아닙니다. 그 이름은 인공 신경망(ANN, artificial neural network)이라고 하는 것의 크기를 나타내요. 인공 신경망은 인공 지능 모델의 한 종류로, 인간의 뇌 구조에서 영감을 얻었지요. 마치 뇌처럼 인공 신경망은 경험을 통한 학습을 할 수 있습니다.

딥 러닝 모델에는 아주 크고 복잡한 인공 신경망이 필요해요. 그리고 그 모델은 엄청난 양의 데이터를 학습하고 훈련해야 하지요. 이미지를 인식하기 위해서 딥 러닝 모델은 하나의 이름이 붙은 수백만 개의 이미지를 우선 봅니다. 충분한 예시를 얻었으면 모델은 '개'나 '인어 공주', '소'와 같은 이름이 붙을 만한 모양과 색깔을 알아볼 수 있어요. 그런 다음 이름이 붙지 않은 개를 봐도 그게 무엇인지 금방 알아볼 거예요.

딥 러닝은 이미지를 확인하고, 얼굴을 인식하고, 언어를 번역하고, 사물을 움켜쥐고, 새로운 약품을 설계하고, 그 밖의 많은 일을 하는 컴퓨터의 능력을 엄청나게 발전시켜 왔어요. 스탠퍼드대학교에서 인공 지능과 로봇학을 연구하는 안드레이 쿠렌코브는 "지금까지는, 이러한 패턴 매칭(pattern matching)과 고속 데이터 알고리즘을 적용할 수 있는 분야가 아직 많습니다."라고 말합니다. 딥 러닝은 놀라운 기술이에요. 하지만 이는 인간의 생각과 완전히 같을 순 없어요. 그 예로, 딥마인드도 브레이크아웃 비디오 게임을 하기 위해 인공 지능 모델을 설계했어요. 이 게임은 작은 판을 좌우로 움직여서 공을 튀겨 화면 위쪽에 있는 벽돌을 깨는 것입니다. 인상적인 점은 이 시스템이 사람들 대부분보다 더 높은 점수를 내기 위해서 벽돌 사이로 터널을 만드는 전략을 보여줬다는 점입니다. 하지만 판이 화면에서 몇 픽셀만 위로 이동해도 이 모델은 더 이상 게임에서 이길 수가 없었어요. 왜 그랬을까요?

이 시스템이 벽돌 사이로 터널을 만드는 전략을 보여 줬어요.

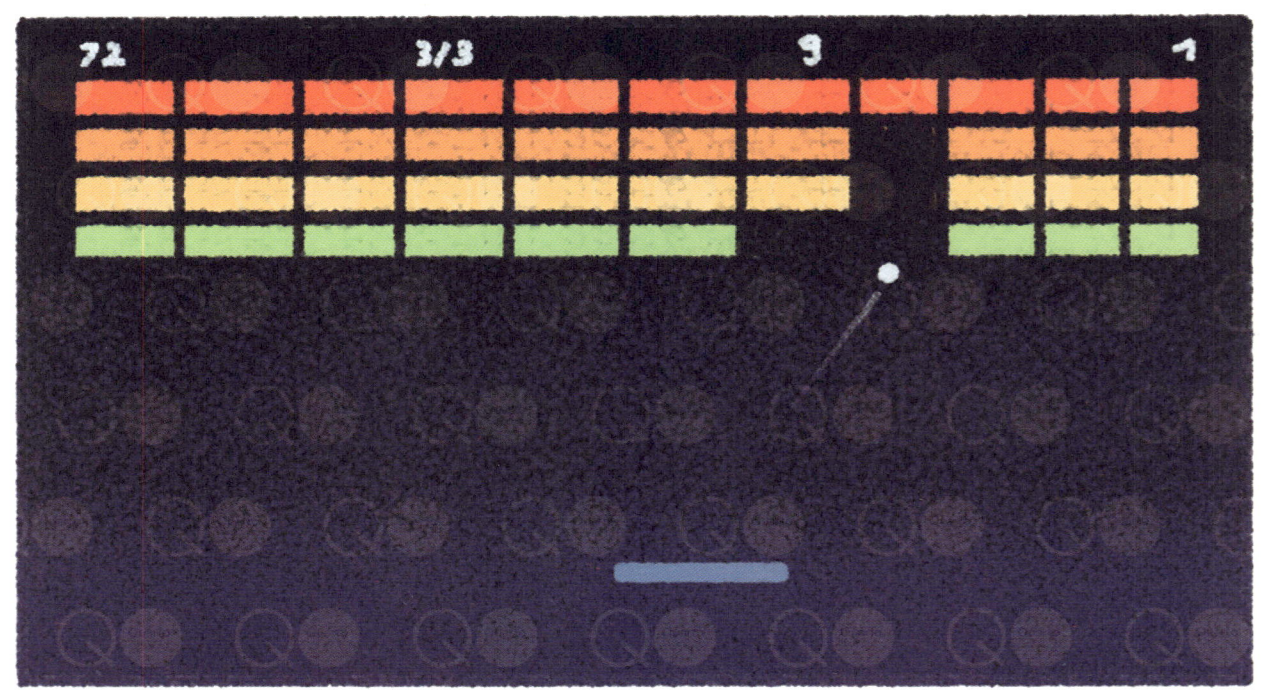

캥거루와 인어소

알고리즘은 게임을 이해하지 못했기 때문에, 그렇게 작은 변화조차도 받아들일 수가 없었던 거예요. 산타페 연구소의 인공 지능 연구자인 멜라니 미첼은 "인공 지능은 사람이 이 게임을 하기 위해 사용하는 것과 같은 개념을 학습하지 않았습니다."라고 말합니다. 당신은 브레이크아웃을 딱 한 번만 해봐도, 공과 판, 벽돌의 일반적인 목적과 이 게임의 핵심은 한 가지 사물을 다른 것을 향해 튕기는 것임을 파악할 수 있을 거예요. 당신은 떠 있는 비눗방울의 색깔을 바꾸려고 판이 캥거루가 되어서 파인애플을 튕긴다고 해도 무리 없이 게임을 할 수 있을 것입니다. 하지만 오늘날의 인공 지능 시스템은 자기가 배운 것을 새로운 상황에 적용하지 못합니다.

> 오늘날의 인공 지능 시스템은 자기가 배운 것을 새로운 상황에 적용하지 못합니다.

또한 당신은 새로운 개념 하나를 배우기 위해서 수백만 개의 예시가 필요하지 않지요. 사실 당신은 새로운 미래의 아이디어를 알기 위해 단 한 개의 예시만 있어도 돼요. 인어소를 상상해 보세요. 머릿속에 그림이 그려지나요? 당신은 상상력과 상식을 사용해 이 괴상한 생물을 마음속에 그려볼 수 있지요. 달리(Dall-E)라고 최신 인공 지능 시스템은 이미지와 언어처리 알고리즘 덕분에 인어와 소의 그림을 만들어 낼 수 있습니다. (달리는 아보카도 안락의자와 기린거북이의 그림도 그릴 수 있었어요!) 하지만 컴퓨터와 로봇 대부분은 이러한 뜻밖의 아이디어나 상황을 다루지 못해요. 그리고 우리가 1장에서 배웠듯이, 실제 세상은 뜻밖의 일로 가득하지요.

엔지니어들은 실제 세상과 상호 작용을 해야 하는 로봇과 다른 기계를 훈련시키기 위해서 가상 모의실험을 이용할 수 있어요. 하지만 모의실험조차도 일어날 수 있는 모든 종류의 상황을 예측하는 것은 불가능해요. 자율 주행 자동차를 예로 들어 봅시다. 이런 자동차는 실제 있지만, 대부분은 반드시 사람이 운전석에 앉아서 필요하다면(운전을) 이어받아야 합니다. 자율 주행 자동차는 보통 날씨가 좋을 때, 인공 지능에게 익숙한 도로에서만 주행하지요. 얀 르쿤은 1990년대에 처음으로 딥 러닝 시스템을 개발한 페이스북의 인공 지능 전문가입니다. 그는 엔지니어들이 오늘날의 인공 지능 모델 중 하나에 자동차를 운전하는 훈련을 맡겨 버린다면, 그 모델은 수백 시간을 운전하고 수천 개의 나무, 집, 동물, 사람, 도로 표지판 등을 들이받을 것이라고 지적합니다. 이러한 장애물을 알아보고 피하는 것을 학습하기 전까지는 말이에요. 게다가 도로 한가운데서 우연히 소파와 마주치기라도 하면 어떻게 해야 하는지를 전혀 모를 거예요! "이러한 현상은 동물이나 인간의 학습에서는 나타나지 않습니다."라고 르쿤은 말합니다. "뭔가 빠진 것이 있어요."

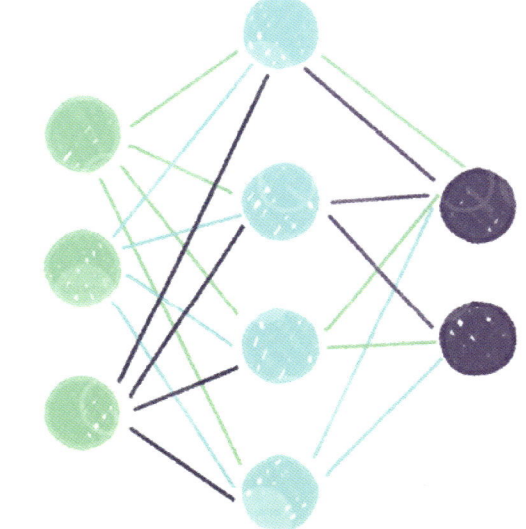

상식

빠진 것은 다름 아닌 상식이에요. 너무 당연하기 때문에 사람들이 따로 말하지 않는 모든 지식이 상식에 속하지요. 우리는 이미 일어난 일의 원인을 찾아내고, 다음에 무슨 일이 일어날지를 예측해서 우리 주변의 세상을 이해하려고 상식을 사용해요. 당신이 자동차를 운전하기 훨씬 전에, 당신은 단단한 물체와 빠른 속도로 충돌하는 것이 나쁜 것임을 이해합니다. 또한 사물은 떠받치고 있지 않으면 떨어진다는 것도 알지요. 끈은 무언가를 잡아당길 수는 있지만 밀어낼 수는 없어요. 단단한 그릇은 액체를 담을 수 있고요. 컴퓨터는 이런 것을 하나도 모릅니다.

> 우리는 우리 주변의 세상을 이해하려고 상식을 사용합니다.

상식 부족이 영향을 미치는 것은 자율 주행 자동차뿐만이 아닙니다. 그것은 가상의 도우미나 로봇이 인간의 언어에서 겪는 어려움의 주된 원인이기도 해요. 사람들은 말할 때 당연하고 상식적인 정보를 생략하기 쉽지요. 기계에는 이 정보 모두가 당연하지 않기 때문에 여전히 의미 있는 대화를 하거나 글을 읽고 이해하는 것을 할 수 없어요. 당신이 시리나 알렉사 같은 가상 도우미에게 말을 걸어보면, 때때로 그들이 엉뚱하거나 상관없는 말을 한다는 것을 알게 될 거예요. 로봇이나 가상 도우미가 상식을 지녔더라면 대화하기가 훨씬 더 쉽겠지요.

사람은 아기 때나 아주 어린 아이일 때 몇 가지 상식 개념을 배웁니다. 그렇지만 대부분의 기본적 단계의 상식은 우리가(다른 여러 동물도) 태어날 때부터 지니고 있어요. 심지어 갓 태어난 병아리도 시야에서 사라지는 물체가 있다는 것을 이해하고 있지요. 미첼은 '18개월 아기의 상식을 가진 기계를 얻는 것은 인공 지능에게 대단히 큰 어려움입니다.'라고 지적합니다.

어쩌면 더 빠르고 더 강력한 짐승 같은 힘을 가진 컴퓨터나 더욱 복잡한 딥 러닝 모델이 이 문제를 해결할 수도 있겠지요. 하지만 많은 전문가는 그럴 것 같지 않다고 생각합니다. 로버스트AI 기업의 공동 설립자 게리 마커스는 "우리는 기본적인 통찰을 놓치고 있다."라고 말합니다. 그는 인공 지능 개발자들이 선천적인 상식 개념을 컴퓨터 시스템에 만들거나 컴퓨터가 이 개념을 스스로 배울 방법을 찾아야 할 것이라고 말합니다. 아마도 개발자들은 새로운 인공 지능 기술을 발명해야 할 가능성이 커요. 이 기술은 범용 인공 지능이라고도 불리는 강력한 인공 지능을 만들 수 있을 것입니다.

지능 폭발

언어와 현실 세계의 상황을 이해할 수 있는 범용 인공 지능이 오면, 상상을 초월하는 기회가 열릴 거예요. 이 강력한 인공 지능은 인간이 판단하고 이해하는 능력을 어마어마한 양의 정보를 놀라운 속도로 기억하고 분석하는 능력과 합칠 것입니다. 매년 약 250만 개의 연구가 나오는데, 이것은 하루에 5천 개가 넘는 거예요. 이 정보를 모두 따라잡는 것은 결코 한 사람이 할 수 없지요. 사람인 과학자들과 의사들, 다른 전문가들은 때로 서로의 연구를 놓치는데, 이 때문에 발견의 속도가 느려집니다.

컴퓨터는 손쉽게 수백만 개의 연구 논문을 읽을 수 있어요. 컴퓨터가 그 연구 논문을 이해할 수도 있다면, 새로운 기술을 개발하고, 신약을 발견하는 등 훨씬 많은 것이 속도를 낼 수 있을 거예요. 또한 법과 정부, 환경의 문제에도 맞설 수 있을 것입니다. 일을 성취해 내는 인간의 능력을 크게 높일 수 있습니다. 마커스는 "어느 시점에 이르면 인공 지능은 과학 기술과 의학을 완전히 바꿔 놓을 수 있을 것입니다."라고 말합니다. 분명 경이로울 거예요.

이 정보를 모두 따라잡는 것은 결코 한 사람이 할 수 없지요.

'인공 지능으로 우리는 악마를 불러내고 있습니다.'

하지만 결국 사람은 강력한 지능을 통제하지 못하게 될 수도 있습니다. 일론 머스크가 한 말은 유명하지요. "우리는 인공 지능을 통해 악마를 불러내고 있습니다." 강력한 인공 지능이 사람에게 위험할지도 모르는 이유는 무엇일까요? 강력한 인공 지능을 만드는 가장 좋은 방법은 스스로를 개선하는 시스템을 만드는 거예요. 일단 스스로 향상하는 시스템이 생기면, 그 시스템이 자기 자신을 너무 똑똑하게 만든 나머지 사람이 더 이상 이해하거나 통제하지 못하게 될 수 있어요. 그렇게 되면 우리는 그것이 목표를 이루려는 걸 전혀 멈출 수 없을 것입니다. 그 목표가 무엇이 됐든 말이에요. 이는 인공 지능이 사람을 해치려고 하지 않는다 해도 문제가 될 수 있어요. 예를 들어, 사람은 개구리보다 훨씬 똑똑하지요. 우리는 개구리를 다치게 하고 싶지 않아요. 단지 개구리가 무얼 하는지 신경 쓰지 않을 뿐이지요. 하지만 우리가 새로운 길을 만들어야 하고 그 길이 개구리의 연못을 지나간다면, 우리 대부분은 그 길을 만드는 것을 망설이지 않을 것입니다. 개구리는 우리를 멈춰 세우거나 자기들에게 무슨 일이 일어날지 준비할 방법이 없을 거예요. 초지능 인공 지능에게, 우리는 개구리나 다름없습니다.

인공 지능의 위험

인공 지능은 사람의 편견을 배우고 지킬 수 있습니다.

우리가 초지능 인공 지능을 절대 개발하지 않는다고 해도, 이미 가지고 있는 좁은 인공 지능에는 심각한 위험이 따릅니다. 인공 지능은 무슨 일이든지 더 지능적이고 효율적으로 하게 해 줍니다. 그런데 사람을 조종하거나 죽이는 것 같은 끔찍한 임무도 여기에 해당하지요. 세계의 지도자들은 아주 구체적으로 목표물을 선택하고 스스로 숨는 방법을 아는 영리한 무기를 만들 수 있습니다. 활동가들은 이러한 종류의 무기 개발을 막으려고 애를 쓰고 있어요. 인공 지능은 감시하기 위해서도 사용될 수 있습니다. 정부가 사람이 보내는 일상의 모든 순간을 감시하기 위해 인공 지능을 이용한 시스템을 설치할 수도 있지요. 규칙을 지키는 사람에게는 보상을 주고, 그렇지 않은 사람을 처벌하면서요.

또 다른 위험은 훨씬 알아차리기가 어려워요. 인공 지능은 사람의 편견을 배우고 지킬 수 있습니다. 예를 들면, 얼굴을 인식하도록 훈련된 일부 소프트웨어는 피부가 밝은 색인 얼굴에 비해 피부가 어두운색인 얼굴은 잘 알아보지 못해요. 왜 그럴까요? 데이터에 선입견이 있어서 그런 거예요. 개발자들은 보통 밝은 피부색의 얼굴이 더 많이 들어 있는 온라인상의 이미지로 자신의 모델을 훈련합니다. 이 모델을 사용하는 경찰서나 공항에서는 모델이 이들을 잘못 확인했다는 이유로 아무 잘못이 없는 사람을 붙잡을 수 있어요. 이것은 부당하고 인종 차별적이지요.

인공 지능의 해로운 편견을 우리가 어떻게 피할까요? 오하이오주립대학교 공과대학의 학과장인 로봇 공학자 아야나 하워드는 "우리는 다양한 목소리를 보태야 한다."라고 말합니다. 다양한 인종, 국가, 성, 사회 경제적인 계급, 나이대가 새로운 기술을 만들기 위해 함께 일하면, 과정을 설계하는 데에 그들이 저마다의 독특한 관점과 경험을 가져옵니다. 그 결과는 그야말로 모두를 위한 기술이에요. "우리가 더 나은 인간이 된다면, 우리가 만드는 인공 지능 역시 더 나아질 겁니다."라고 하워드는 말합니다.

그것은 인류를 북돋아 줄 거예요. 인류 모두를요.

모두를 위한 기술

우리 스스로와 우리가 만드는 기술을 발전시키기 위해 다른 사람과 함께 일하는 것은 인공 지능뿐 아니라 모든 분야의 기술에도 중요한 것입니다. 기술은 도구이고, 그것을 올바른 목적으로 사용하는 것은 우리에게 달렸다는 것을 기억하세요.

그렇다면 올바른 목적이란 무엇일까요? 옳고 그른 것에 대해서는 모두가 같은 생각을 가지지는 않지요. 하지만 모두가 동의하는 의견이 몇 가지 있어요. 유익한 기술은 우리가 더 건강하게 살고, 배우고, 발견하고, 탐색하고, 서로를 이해하고 스스로를 표현하는 것을 더욱 쉬워지게 합니다. 인류를 더 북돋아 줄 거예요. 돈과 힘을 가진 사람뿐만이 아닌, 인류 모두를 말이에요.

이 책에서 살펴본 미래의 기술 개발은 낯설고 예측할 수 없는 방식으로 세상을(어쩌면 우주 전체를) 바꿀 것입니다. 그래도 우리는 어떤 일이 일어날지를 상상하려고 노력해야 해요. 우리는 우리가 미리 생각했던 미래만을 준비할 수 있으니까요.

그래서 우리는 상상을 펼치고, 호기심을 갖고, 꿈을 꿔야만 한답니다. 그리고 나서는 연구하고, 실험하고, 우리의 가치를 크게 외쳐야 합니다. 인류가 개발하는 놀라운 기술로 무엇을 할지 결정하는 것은 다름 아닌 당신과 모든 젊은 사람이랍니다. 미래는 당신의 손에 달렸습니다. 미래를 가지고 당신은 무엇을 할 건가요?